Aliyu Ismaila

Análise da seca meteorológica no Estado de Sokoto, Nigéria, 1970-2009

Aliyu Ismaila

Análise da seca meteorológica no Estado de Sokoto, Nigéria, 1970-2009

ScienciaScripts

Imprint

Any brand names and product names mentioned in this book are subject to trademark, brand or patent protection and are trademarks or registered trademarks of their respective holders. The use of brand names, product names, common names, trade names, product descriptions etc. even without a particular marking in this work is in no way to be construed to mean that such names may be regarded as unrestricted in respect of trademark and brand protection legislation and could thus be used by anyone.

Cover image: www.ingimage.com

This book is a translation from the original published under ISBN 978-620-2-05502-4.

Publisher:
Sciencia Scripts
is a trademark of
Dodo Books Indian Ocean Ltd. and OmniScriptum S.R.L publishing group

120 High Road, East Finchley, London, N2 9ED, United Kingdom
Str. Armeneasca 28/1, office 1, Chisinau MD-2012, Republic of Moldova, Europe
Printed at: see last page
ISBN: 978-620-7-74563-0

Dedicação

Este trabalho é dedicado ao meu tio, o engenheiro Halilu Saidu Zwall.

Agradecimentos

Louvado seja o omnipotente ALLAH, o Senhor do universo, o perfeito planeador e criador do que se passa entre o céu e a terra. Agradeço-lhe por ter poupado a minha vida e por me ter permitido concluir este estudo. Continuarei, de facto, a procurar as Suas bênçãos, orientação e proteção ao longo da minha vida.

Gostaria de expressar a minha gratidão ao meu principal supervisor, o Dr. M.A Abdulrahim, cujo apoio, encorajamento e críticas construtivas conduziram à conclusão bem sucedida deste trabalho. Agradeço também ao co-orientador Dr. I.P Ifabiyi pelo seu enorme contributo para o êxito deste trabalho. Gostaria de agradecer ao meu co-orientador II, Dr. M. Yakubu, do Departamento de Ciência do Solo, pela sua enorme ajuda para o êxito deste estudo.

Estou muito grato ao antigo Diretor do Departamento de Geografia, Professor M.A Iliya, pela sua incansável contribuição e encorajamento para o sucesso deste trabalho. Reconheço o numeroso apoio dos meus professores para o êxito deste trabalho: Dr. S.A Yelwa, Dr. I.A Adamu, Dr. I. M Dankani, Dr. S.D Abubakar, Malams M.A Shamaki, M.A Gada, N.B Eniolorunda, A.T Umar e M. Dangulla. Reconheço o maravilhoso apoio da família do Engenheiro Halilu Saidu Zwall, da Universidade Usmanu Danfodiyo de Sokoto. Os meus agradecimentos vão também para as seguintes pessoas que, de uma forma ou de outra, contribuíram para o êxito deste estudo. São elas o Dr. Mikail Abubakar, o Dr. Bilkisu Abdullahi Shinkafi, Malam Murtala Badamasi (BUK), Fatima A.G Dakata, Zayyanu Ladan, Mustapha Jagaba, Mansur Dogondaji e . Rezo a ALLAH para que vos abençoe a todos e a outros não mencionados. Reconheço também a palavra de encorajamento de Yusra Ma'azu.

Este agradecimento estará incompleto se não reconhecermos a imensa contribuição dos meus pais, Malam Ismaila Yari e Malama Furera Adamu, pela sua incansável oração durante todo o período deste estudo. Que Deus vos abençoe a todos.

Ismaila Aliyu.

ÍNDICE DE CONTEÚDOS:

Acrónimo

AAI	Aridity Anomaly Index
AVHRR	Advanced Very High Resolution Radiometer
BMDI	Bhalme and Mooley Drought Severity Index
C.V	Coefficient of Variation
CRS	Cessation of Rainy Season
EF	Evaporation Fraction
ET	Evapotranspiration
EWS	Early Warning System
FAO	Food and Agricultural Organisation
GEMI	Global Enviromental Monitoring Index
GIS	Geographical Information System
ISDR	International Strategy for Disaster Reduction
ITCZ	Inter – Tropical Convergence Zone
ITD	Inter-Tropical Discontinuity
LRS	Length of Rainy Season
MAD	Mean Absolute Deviation
MAI	Moisture Adequacy Index
MAPE	Mean Absolute Percentage Error
MAR	Mean Seasonal Rainfall depth
MDS	Maximum Dry Spell
MSD	Mean Square Deviation
NDVI	Normalised Difference Vegetation Index
NIMET	Nigerian Meteorological Agency
NOAA	National Oceanic Atmospheric Administration
ORS	Onset of Rainy Season
PDSI	Palmer Drought Severity Index

RAI   Rainfall Anomaly Index

S.D   Standard Deviation.

SADP   Sokoto Agricultural Develoment Project

SARDA   Sokoto Agricultural and Rural Development Agency

SEP   Sokoto Environmental Project

SPI   Standardised Precipitation Index

SST   Sea Surface Temperature

SWAI   Soil Water Anomaly Index

TDD   Total number of Dry Days within season

TWD   Total Wet Days within season

UN   United Nations

VCI   Vegetation Condition Index

WMO   World Meteorological Organistion

Resumo

A seca meteorológica é um problema grave na região do Sahel do mundo. Esta dissertação examina as características da precipitação e a extensão da seca meteorológica no Estado de Sokoto, na Nigéria. Foram obtidos dados diários de precipitação para um período de quarenta anos (1970-2009) da Agência Meteorológica da Nigéria (NIMET) no Aeroporto Sultan Abubakar III, Estação de Sokoto. Além disso, os dados de precipitação mensal para os locais seleccionados no Estado foram recolhidos do Projeto de Desenvolvimento Agrícola de Sokoto (SADP). Os dados recolhidos foram analisados utilizando técnicas climatológicas e estatísticas. O resultado da estatística descritiva varia de ano para ano e observou-se um ligeiro aumento da precipitação média mensal. O Índice de Precipitação Normalizado (SPI) e o Índice de Anomalia de Precipitação (RAI) foram utilizados para classificar a gravidade da seca em condições graves, moderadas e ligeiras. O resultado é expetável, uma vez que Sokoto se situa no Sahel, que é geralmente conhecido por ser propenso a secas. Por conseguinte, recomenda-se que as políticas de desenvolvimento e o planeamento adequados que se centram no risco de seca sejam vigorosamente prosseguidos por indivíduos e pelo governo para promover a observação sistemática, a recolha, a análise e o intercâmbio de dados meteorológicos, climatológicos e hidrológicos. Isto reduzirá o impacto do risco de seca nos numerosos pequenos agricultores através do aumento da produção agrícola no Estado de Sokoto.

CAPÍTULO 1

INTRODUÇÃO

1.1 Antecedentes do estudo

Uma das principais provas de anomalia climática global é a seca. Trata-se de um fenómeno climático peculiar ao continente africano, especialmente na região do Sahel e na parte norte da Nigéria, onde se situa o estado de Sokoto (Fidelis, 2003). A seca é universalmente reconhecida como um fenómeno associado à escassez de água que tem um impacto significativo no ambiente humano. Consequentemente, piora a estrutura económica da nação (Bhuiyan, 2004). A seca varia em função da época de ocorrência, da duração e da extensão da área afetada. É amplamente classificada em quatro categorias, nomeadamente: seca meteorológica, hidrológica, agrícola e socioeconómica.

A seca meteorológica indica a deficiência de precipitação em relação à precipitação normal numa determinada área. A seca hidrológica refere-se à escassez de água nos recursos terrestres superficiais e subterrâneos. A seca agrícola ocorre quando a precipitação e a humidade do solo são inadequadas para satisfazer as necessidades de água das culturas, e a seca socioeconómica refere-se à situação em que a oferta e a procura de alguns bens económicos associados a outros tipos de seca não são adequadas em resultado da escassez de água relacionada com as condições meteorológicas. Wilhite e Glantz (1985) sublinham que as quatro categorias diferentes de seca têm origem na deficiência de precipitação quando a deficiência se estende por um período de tempo prolongado. De acordo com Sinha-Ray (2001 p_{132}), a seca meteorológica é explicada quando a precipitação sazonal recebida numa área é inferior a 75 % do seu valor médio a longo prazo. A seca também pode ser classificada como seca fraca, moderada e grave.

É considerada baixa quando o défice de precipitação é inferior a 26%, moderada se o défice de precipitação se situa entre 26 e 50% e seca grave quando o défice excede 50% do normal. De acordo com a Organização Meteorológica Mundial (WMO, 1975), para os índices de seca agrícola, a quantidade de humidade disponível no solo na zona radicular é mais importante para o crescimento das culturas do que a quantidade real de défice ou excesso de precipitação na zona radicular durante as várias fases do ciclo de crescimento. A humidade do solo tem um impacto profundo no rendimento das culturas. Por exemplo, 10% de água durante a fase de polinização do milho reduz o rendimento da cultura em até 25% (Hane e Pumphrey, 1984). O conceito de deficiência de precipitação é um dos parâmetros fiáveis para a avaliação e quantificação da seca. Estudos anteriores mostraram que a variabilidade da precipitação no norte da Nigéria se reflectiu na seca registada (Abdulrahim, 1985 e Umar 2008). Por conseguinte, é necessário compreender as características da precipitação, como o início, a cessação, a duração do período chuvoso e seco dentro da estação das chuvas, que desempenham um papel significativo na análise da seca. As regiões áridas e semi-áridas, como Sokoto, são propensas a secas devido às alterações climáticas e aos problemas de degradação dos solos. Por conseguinte, é crucial monitorizar as ocorrências espaciais e temporais da seca.

1.2 Problema de investigação

De acordo com as estimativas das Nações Unidas (2007), um terço da população mundial vive em zonas com escassez de água e 1,1 mil milhões de pessoas não têm acesso a água potável. A nível mundial, as secas são o segundo perigo mais extenso em termos geográficos, a seguir às inundações. A seca afecta 7,5% da superfície terrestre global, em comparação com os 11% afectados pelas inundações. A área terrestre, a população e a perda do PIB afectados pela seca ascendem a 970 milhões de km^2 , 57,3 mil milhões e 108,6 mil milhões de dólares, respetivamente (ONU, 2007). Segundo a Organização Meteorológica Mundial (2006), a região saheliana da África subsariana, na qual se situa a parte norte da Nigéria, é vulnerável ao risco de seca. O impacto de uma catástrofe de seca prolongada afectará milhões de pessoas e contribuirá para a subnutrição, a fome e a perda de vidas. A região semi-árida da Nigéria foi severamente afetada por secas e fome durante a seca do Sahel no final dos anos 60-1980, com o consequente problema de degradação (Fidelis, 2003).

Toda a região norte está essencialmente orientada para práticas agrícolas de subsistência e extensivas, bem como para a criação de animais, que dependem fortemente da precipitação. No entanto, a variabilidade da precipitação levou a uma redução significativa das culturas agrícolas.

A seca extrema destruiu culturas alimentares, causou fome, morte de animais e obrigou as pessoas a migrarem em busca de meios de subsistência (Akeh, et al, 1999).

Devido ao efeito devastador da seca, é importante compreender as suas características de modo a poder planear eficazmente o seu controlo. Um dos principais desafios é conseguir captar a natureza da seca através da utilização de índices claros. Para o fazer de forma eficaz, são necessárias várias questões de investigação. Estas incluem: Qual dos numerosos índices descreve melhor a condição de seca em Sokoto? Quais são as características do estado de seca?, Qual é o impacto provável da seca na produção agrícola do estado?, Estas questões serão tentadas nesta investigação.

1.3 Finalidade e objectivos

O objetivo desta investigação é estudar as características da seca meteorológica no Estado de Sokoto de 1970 a 2009. Uma vez que a precipitação será o principal elemento para determinar a seca meteorológica, os objectivos específicos são

Examino a tendência e a variabilidade da precipitação em Sokoto 1970-2009

ii caraterizar o padrão do período de seca em Sokoto 1970-2009

iii examinar a tendência do início, cessação e duração da estação das chuvas em Sokoto 1970-2009

vi analisar o padrão espácio-temporal da seca no Estado de Sokoto.

v examinar a correlação entre os índices de seca e os rendimentos das culturas no Estado de Sokoto

1.4 Justificação do estudo

Sokoto é propenso a riscos de seca e de degradação dos solos. Por conseguinte, o conhecimento do padrão espácio-temporal da seca meteorológica e das características da precipitação é um aspeto essencial do planeamento no Estado de Sokoto. Registos anteriores mostram que, nos últimos 100 anos, em cada dez anos, pelo menos dois anos foram caracterizados por seca meteorológica ou longo período e cessação precoce da chuva em setembro (SEP, 1998). Isto afectou o rendimento das culturas e a produção em geral, estimando-se que se perdeu um terço da produção esperada (SARDA, 2000).

Durante as últimas três décadas, o Norte registou mais chuvas do que a parte Sul da Nigéria. De facto, a zona do Sahel foi afetada pela seca entre 1970 e 1977 e durante toda a década de 1980 (Olaniran, 2002).

A persistência da seca meteorológica nas décadas de 1970 e 1973 atraiu uma série de análises que procuraram compreender o impacto socioeconómico, principalmente em termos de falha de precipitação (Mortimore 1989).

Hamza (2001) centrou-se no risco de seca e nas estratégias de sobrevivência dos camponeses. O estudo de Hamza abrangeu a área governamental local de Gudu do Estado de Sokoto e utilizou dados qualitativos em vez de quantitativos, enquanto Bashir (2004), por outro lado, se centrou nas características da precipitação na cidade de Sokoto entre 1974 e 2003.

Estudos anteriores, como o de Otun (2005), efectuaram uma investigação sobre a seca na região saheliana do norte da Nigéria. Este estudo centra-se no padrão de precipitação e nas tendências da seca meteorológica no Estado de Sokoto, na Nigéria, contribuindo assim para a literatura existente sobre a seca no Estado de Sokoto.

1.5 Âmbito e limitações do estudo

O âmbito espacial desta investigação é constituído pelas seguintes 11 estações, conforme apresentado no Quadro 1.1. Estas estações foram criadas em 1998 e têm os dados de precipitação disponíveis em 20002009. Os dados de precipitação de 40 anos (1970-2009) foram obtidos a partir de (NIMET).

Tabela 1.1 Localização de várias estações pluviométricas no Estado de Sokoto.

STATIONS	LOCATION
Wurno	Latitude 13^0 18'N and Longitude 05^0 41E,
Goronyo	Latitude 13^0 26'N and longitude 05^0 51'E
Isa	Latitude 13^0 11'N and Longitude 6^0 26'E
Tangaza	Latitude 13^0 34'N and Longitude 4^0 52'E
Illela	Latitude 13^0 44'N and Longitude 5^0 18'E
Kware	Latitude13^0 15'N and Longitude 05^0 13'E
Tambuawal	Latitude 12 18'N and Longitude 5^0 02'E,
Yabo	Latitude 12^0 49'N and Longitude 4^0 56'E,
Bodiga	Latitude 12^0 44'N and Longitude 05^0 17'E
Sokoto	Latitude 13^0 7'N and Longitude 5^0 13'E
Tureta	Latitude 12^0 19'N and Longitude 05^0 33'E

Fonte: SADP 2010

O rendimento das culturas por hectare cultivadas durante a estação das chuvas, incluindo milho, arroz, sorgo, feijão-frade e painço, de 1993 a 2008, também foi obtido do Projeto de Desenvolvimento Agrícola de Sokoto (SADP).

No entanto, entre os parâmetros climáticos, apenas foram considerados os dados relativos à precipitação e foi utilizado o método da média para preencher os dados em falta. Foram registadas as seguintes limitações.

Os dados recolhidos para a análise espacial da seca em várias estações do SADP referiam-se apenas a dez anos em vez de 40 anos. Também não estavam disponíveis informações sobre a altitude das estações. Do mesmo modo, o procedimento computacional utilizado na técnica do Índice de Anomalias de Precipitação exigia dados de séries temporais com um período mínimo de 20 anos ou superior, quando comparado com o SPI, em que podem ser calculados dados inferiores a 20 anos. É também importante notar que a área de estudo tem apenas uma estação meteorológica sinóptica em funcionamento, localizada em Sultan Abubakar III

Aeroporto de Sokoto, que é demasiado longe para representar outras localizações dentro da área de estudo.

Este facto é muito importante tendo em conta o carácter discreto da precipitação tropical.

CAPÍTULO 2

ENQUADRAMENTO CONCEPTUAL E REVISÃO DA LITERATURA

2.1 Quadro concetual

A descontinuidade intertropical, a zona de fronteira que separa as massas de ar do hemisfério norte e do hemisfério sul, respetivamente, não é frontal nem sempre convergente. De acordo com Ayoade (1993), as duas correntes de ar são demasiado semelhantes, particularmente nas propriedades térmicas, para que se forme uma verdadeira frente entre elas. As duas massas de ar que regem o comportamento da atmosfera sobre a África Ocidental são um fator determinante das condições climáticas. Estas são as massas de ar tropical marítima e continental, a primeira originária do Oceano Atlântico enquanto a segunda originária da região do Saara. De acordo com Ayoade (1993), a estrutura e as características das IDT variam de região para região, dependendo de factores como a topografia e a distribuição da terra e das superfícies, entre outros. Na região da África Ocidental, a IDT assume a sua posição mais setentrional por volta da Latitude 20^0 N em agosto, o que marca o pico da estação das chuvas na África Ocidental sob a influência da monção húmida do sudoeste do Oceano Atlântico, e atinge a sua posição mais meridional por volta da Latitude 6^0 em janeiro, o que marca o pico da estação seca na África Ocidental, com exceção das zonas costeiras sob a influência das correntes secas de oeste do deserto do Sara (Ayoade, 1993). Durante muitos anos, o termo apropriado para esta fronteira foi afetado por dificuldades semânticas. Por conseguinte, os analistas do clima tropical identificaram a fronteira com vários nomes: Zona de Convergência Intertropical (ZCIT), Frente Intertropical (FIT) e, recentemente, Descontinuidade Intertropical (DIT). Os termos utilizados reflectem a grande diversidade de pontos de vista, que foram avançados para explicar a estrutura e o comportamento da fronteira, tanto em terra como na água (Umar, 2006).

A Organização Meteorológica Mundial propôs o ITD como um guia provisório para as práticas meteorológicas, adequado para descrever a fronteira de humidade na terra.

De acordo com Adekunle (2004), a distribuição sazonal, o tipo de precipitação e a duração da estação das chuvas, bem como as condições meteorológicas gerais registadas ao longo do ano em qualquer local da região da África Ocidental, dependem principalmente da localização relativamente à posição do ITD e das zonas meteorológicas associadas. A Figura 2.1 indica as zonas meteorológicas associadas ao ITD, enquanto a Tabela 2.1 mostra as características dos cinco tipos de tempo associados ao ITD na Nigéria.

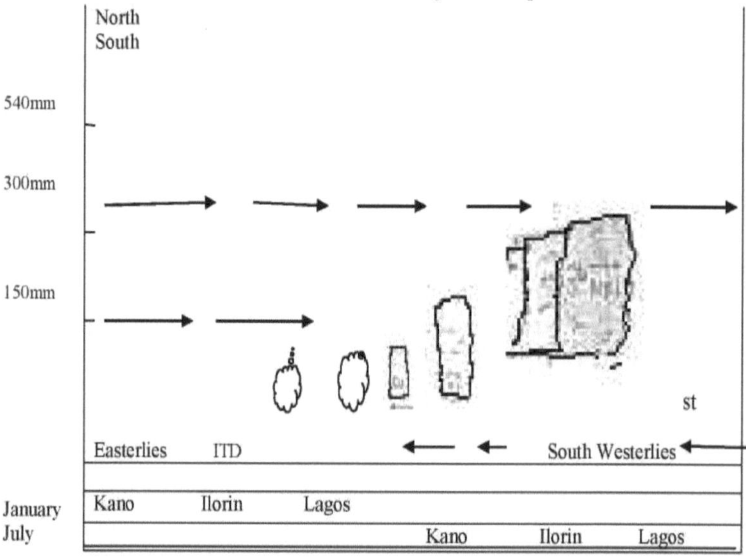

Fonte: Olaniran (1990)

Figure 2.1 ITD e zonas meteorológicas associadas sobre a Nigéria

Tabela 2.1 Principais características dos cinco tipos de condições meteorológicas associadas ao ITD na Nigéria

---

Zone A: Located north of the 1TD, is characterized by dry air, few clouds and no rains.

Zone B: Located south of the ITD is characterized by humid air, occasional cumulus

cloud and scattered Showers of the little total rainfall.

Zone C: Lies south of Zone B is characterized by humid air, more clouds than in B and

rains that are greater in amount and more regular.

Zone D: Lies south of Zone C and is characterized by humid air, cloudy skies and

rainfall on most days; and

Zone E: Located south of Zone D, is characterized by humid air, overcast skies with

Stratus cloud.

Fonte : Olaniran (2002)

Os estudos mais recentes concentraram-se na escassez de precipitação como parâmetro para identificar a seca. É a variável de entrada mais importante para muitos processos relacionados com a água, como o abastecimento de água, as águas subterrâneas, o armazenamento em reservatórios, a humidade do solo e o fluxo de água (Sirdas e Sen, 2004).

De acordo com Sirdas e Sen (2004), a metodologia mais simples para avaliar a seca temporal consiste em aplicar o Índice de Precipitação Normalizado (SPI) para quantificar a precipitação em diferentes escalas temporais. A seca é uma catástrofe natural que ocorre sobretudo nas regiões secas do mundo. As explicações da seca basearam-se nas relações físicas e nas interacções dos factores que a afectam, enquanto a descrição da seca se baseia em métodos estatísticos e analíticos (Otim, 2008).

A Organização Meteorológica Mundial concordou que todos os tipos de seca têm origem numa deficiência de precipitação ou seca meteorológica.

Diz-se que o processo de seca meteorológica começa com a variabilidade climática natural e continua até à fase final denominada seca hidrológica (Figura 2.2), enquanto a (Figura 2.3) indica ainda as inter-relações entre os quatro tipos de secas.

O'meagher et al (2000) identificaram quatro componentes-chave para uma estratégia eficaz de redução do risco de seca: a disponibilidade de informação atempada e fiável, a comunicação e aplicação dessa informação, medidas adequadas de gestão do risco para os decisores e, finalmente, uma ação eficaz e coerente por parte dos decisores.

9

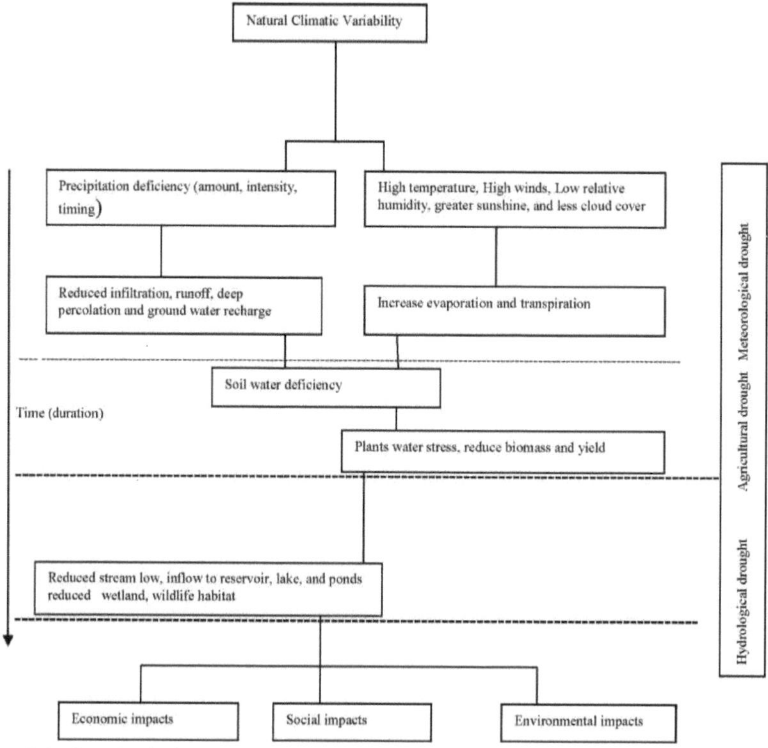

Figure 2.2   Sequência da ocorrência de seca
Fonte: (National drought mitigation.n centre, University of Nebraska - linconln USA, 2006).

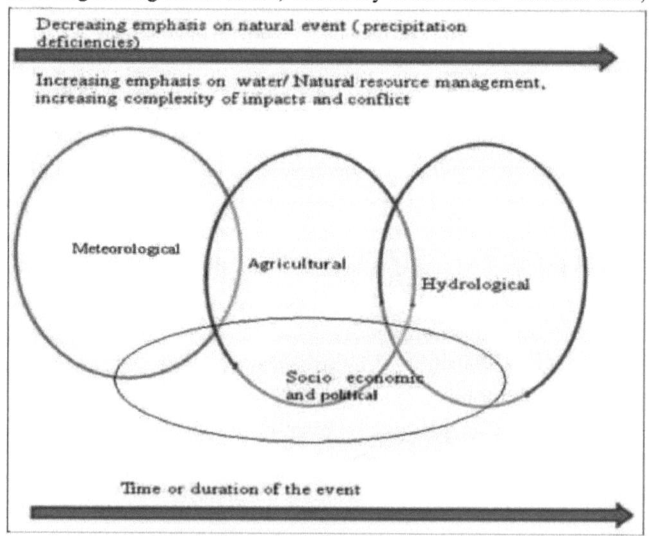

Figure 2.3   Dimensão natural e social da seca.

Fonte: (National Drought Mitigating Centre, Universidade de Nebraska-Linconln, EUA, 2006)

2.2 Revisão da literatura
2.2.1 Conceito de seca

Não existe uma definição universalmente aceite de seca. Por conseguinte, as definições foram classificadas como conceptuais e operacionais. A definição operacional, por um lado, é crucial porque tenta determinar o início, a gravidade, a distribuição espacial e a cessação das condições de seca. Por outro lado, a definição concetual de seca também é muito importante porque ajuda as pessoas a compreenderem o conceito (Gonzalez, et al, 2001). Palmer (1965), Beran e Rodiear (1985) e Gordon (1993) argumentaram que a principal caraterística da seca é a redução da precipitação.

De acordo com Fidelis (2003), a seca é um período prolongado de deficiência na precipitação que causa danos extensos às culturas e perda de produtos agrícolas. Por outro lado, é um perigo insidioso da natureza que se origina de uma deficiência de precipitação durante um longo período de tempo, geralmente uma estação ou mais. Esta deficiência resulta numa falta de água para as actividades humanas e para o funcionamento do ambiente físico. Em geral, a seca dá uma impressão de escassez de água devido a uma precipitação insuficiente, a uma evapotraspiração elevada e a uma exploração excessiva dos recursos hídricos ou a uma combinação destes parâmetros. As principais causas da seca incluem a falta de precipitação numa grande área durante um longo período de tempo, o que é designado por seca meteorológica (Mosaad, et al 2009). A deficiência prolongada dá origem a diferentes tipos de seca (Figura 2.2). A seca meteorológica foi escolhida como o foco central deste estudo. Ocorre quando a precipitação recebida num determinado período de tempo é menor do que a quantidade esperada (Smakhtin e Hughes, 2004). A seca tem três características distintas que incluem: intensidade, duração e cobertura espacial. A intensidade refere-se ao grau de escassez de precipitação e aos impactos de gravidade associados a essa escassez. A duração considera o padrão temporal, enquanto as características espaciais envolvem as áreas afectadas (WMO, 2006). Os padrões de seca variam no espaço, no tempo e na intensidade.

O carácter dinâmico da seca põe em causa a capacidade de planeamento e os esforços para prestar socorro às zonas afectadas. Calcula-se que a seca resulte em perdas económicas anuais de cerca de 86-88 mil milhões de dólares nos Estados Unidos (Jesslyn, et al 2002). De acordo com Fidelis (2003), a seca não deve ser vista como um mero fenómeno físico ou um acontecimento natural. O seu impacto na sociedade resulta da interação entre a precipitação abaixo da quantidade esperada e a elevada procura de água por parte da sociedade. Os seres humanos agravam frequentemente o impacto da seca através da desflorestação e do sobrepastoreio. A seca é um dos principais riscos naturais, afectando o ambiente e a economia do mundo. Existem outras definições que vão desde a seca agrícola à seca económica (Agnew, 1989). É consensual que a seca ocorre quando a precipitação é inferior à média (Bruins e Berliner, 1998), tendo Tannehill (1947) sublinhado que deve haver uma humidade do solo inadequada antes de se poder falar de seca.

Existem numerosas definições mais técnicas de seca que recorrem à utilização de um valor-limite. No Reino Unido, o serviço de meteorologia considerou 15 dias consecutivos sem chuva como valor-limite antes de se considerar que existe seca, ao passo que na URSS foram considerados 10 dias como valor-limite, o que faz com que seja classificada como seca. No entanto, existem outras abordagens para a avaliação da gravidade da seca meteorológica com base na análise dos registos de precipitação anteriores.

De acordo com Agnew (1995), existem problemas fundamentais com a análise da seca utilizando registos de precipitação anteriores em áreas de terra seca. Estes incluem o seguinte: ignora o impacto da precipitação nas actividades humanas e no ambiente em períodos de mudança económica e política, assume que uma definição estatística pode ser fiável e ser utilizada apesar da variabilidade dos dados e confunde seca com dessecação. Concluiu que a precipitação é sempre baixa em zonas de terra seca.

Estudos anteriores consideraram as tendências descendentes da precipitação e comunicaram ocorrências de seca em vez de definirem a condição de anormalidade (Agnew e Chappell, 2002). De acordo com (Albert et al, 2002), a confiança apenas nos dados meteorológicos não é suficiente para monitorizar as zonas de seca, particularmente quando estes dados podem ser intempestivos, esparsos e incompletos.

No entanto, a combinação de imagens de satélite e dados meteorológicos forneceria informações significativas para a monitorização da seca na área de estudo. A monitorização exacta da seca foi sempre um desafio. Isto deve-se ao facto de a seca não ter um início nem um fim distintos (Oladipo, 1985).

2.2.2 Tipos de seca

De acordo com Fidelis (2003), a seca pode ser classificada em quatro categorias, nomeadamente: seca agrícola, meteorológica, hidrológica e socioeconómica.

(a) Seca meteorológica

A seca meteorológica é definida como a extensão do desvio da precipitação em relação ao normal em comparação com a média de longo prazo e a duração do período seco (Smakhtin e Hughes, 2004). A definição de seca meteorológica deve ser considerada de uma região para outra, isto porque, as condições atmosféricas que resultam em deficiências de precipitação são altamente variáveis de uma região para outra (Fidelis, 2003). A seca meteorológica identifica períodos de seca com base no número de dias com precipitação inferior a um determinado limiar. As medições da seca meteorológica na floresta tropical da África Ocidental basearam-se nesta abordagem.

Basicamente, existem numerosos índices que são utilizados para a quantificação da seca. Estes integram vários parâmetros hidrometeorológicos obtidos a partir de séries de dados de precipitação, caudal, evaporação e outros indicadores de deficiência hídrica (Otun e Adewumi, 2009). Os índices meteorológicos de seca mais comummente utilizados são: Índice de Severidade de Seca de Palmer (PDSI), Índice de Severidade de Seca de Bhalme e Mooley (BMDI), Índice de Anomalia de Chuva (RAI) e Índice de Precipitação Padronizado (SPI).

No entanto, existem outros índices para quantificar a seca meteorológica num local durante um período de tempo. São eles: Início da estação chuvosa (ORS) definido como o primeiro dia em que chove numa estação). Cessação da estação chuvosa (CRS), definida como o último dia em que chove numa estação. Balme e Mooley, 1980) definiram o início como o começo da estação chuvosa que acumula pelo menos 20mm de precipitação em 3 dias depois de 1st maio, enquanto o fim da estação chuvosa é considerado como 20 dias sucessivos sem chuva depois de 1st setembro de um ano. Outros índices são: Duração da estação chuvosa, que é definida como a diferença entre CRS e ORS (LRS), total de dias húmidos, definido como o número total de dias em que chove numa estação (TWD), número total de dias secos, que é o número de dias sem chuva em toda a estação (TDY), duração da estação seca (LDS), duração máxima do período seco numa estação húmida (MDL) e profundidade média de precipitação sazonal (MAR) (Otun e Adewumi, 2009). **(b) Seca agrícola**

A seca agrícola refere-se a situações em que a humidade do solo não é suficiente para satisfazer as necessidades das culturas que crescem numa determinada área. Os solos também variam nas suas características hídricas, por exemplo, um solo com uma elevada capacidade de retenção de água retém a humidade adequada, enquanto os solos com baixa capacidade de retenção de água são propensos à seca (Smakhtin e Hughes, 2004). A seca agrícola está inter-relacionada com a seca meteorológica e hidrológica, através da escassez de precipitação, das diferenças entre a evapotranspiração real e a evapotranspiração potencial, dos défices de água no solo e da redução do nível dos reservatórios de água subterrânea. Uma boa definição de seca agrícola deve ser capaz de ter em conta as variáveis que afectam as culturas durante as diferentes fases do seu desenvolvimento, desde a emergência até à maturidade.

A deficiência de humidade na parte superior do solo dificulta a germinação das plantas e conduz a uma baixa população de plantas. Sinha-Ray (2001) identificou cinco categorias de seca que afectam a produção agrícola. Estas incluem: seca no início da estação, seca a meio da estação, seca no final da estação ou seca terminal, seca aparente e seca permanente.

i Seca no início da estação: Ocorre quando há um atraso no início das chuvas de sementeira. Este tipo de seca exige informações precisas sobre a quantidade de precipitação necessária para completar a sementeira numa determinada área, a quantidade inicial de precipitação para a germinação segura da cultura e a precipitação necessária para minimizar o efeito adverso do período de seca imediatamente após a sementeira. (Sinha-Ray, 2001)

ii Seca de meia estação: Este tipo de seca ocorre quando há uma quebra na monção do sudoeste. Afecta as fases de crescimento vegetativo e resulta em crescimento atrofiado, baixo desenvolvimento da área foliar e redução da população de plantas (Sinha-Ray, 2001)

iii Seca tardia ou terminal: Sempre que as culturas se deparam com o stress hídrico durante a fase reprodutiva, em resultado da cessação antecipada da estação das chuvas, tal resultará em temperaturas elevadas, acelerando o processo de desenvolvimento das culturas e forçando a sua maturação.

iv Seca aparente: Trata-se de uma situação em que a precipitação na região é adequada para algumas culturas, enquanto outras registam uma deficiência no abastecimento de água.

v Seca permanente: Esta situação verifica-se em zonas áridas onde não há precipitação adequada para satisfazer as necessidades de água das plantas. Nessas áreas, a plantação de culturas resistentes à seca é suscetível de ser sujeita a stress hídrico. É necessário introduzir um sistema alternativo para o desenvolvimento agrícola sustentável através da irrigação durante toda a época de cultivo (Ayoade 1983).

A seca fisiológica ocorre quando há excesso de água salina nas plantas, o que leva a um mau desempenho da planta (Smakhtin e Hughes, 2004). Esta situação verifica-se normalmente em terrenos irrigados com má drenagem.

(c) Seca hidrológica

A seca hidrológica é definida em termos do afastamento das reservas de água superficiais e subterrâneas de algumas condições médias em vários pontos no tempo (Sinha-Ray, 2002).

Os recursos hídricos superficiais e subterrâneos incluem: níveis dos cursos de água, águas subterrâneas, aquíferos, caudais, reservatórios e lagos. São frequentemente utilizados para fins múltiplos, como o controlo das cheias, a irrigação, o recreio, a navegação, a energia hidroelétrica e o habitat da vida selvagem. A competição pela água nestes sistemas de armazenamento aumenta significativamente durante a seca hidrológica.

(d) Seca socioeconómica

A seca socioeconómica refere-se à situação em que a escassez de água afecta a vida das pessoas. Este tipo de seca difere de outros tipos de seca porque associa as actividades humanas a elementos de seca meteorológica, hidrológica e agrícola (ISDR 2003). A seca socioeconómica está relacionada com o fornecimento de bens económicos, como água, forragem, alimentos, cereais, peixe e energia hidroelétrica. Estes bens económicos dependem do tempo e da variabilidade natural do clima. Quando a procura de um bem económico excede a oferta em resultado da escassez de água relacionada com o clima, diz-se que ocorre uma seca socioeconómica. Por exemplo, na Nigéria, o início tardio da estação das chuvas em 2009 provocou uma diminuição significativa do abastecimento de energia hidroelétrica na Nigéria.

O sistema de energia hidroelétrica dependia muito mais do caudal do que do armazenamento para a produção de energia. Tendo em conta a natureza dos dados disponíveis, foi dada ênfase à seca meteorológica neste estudo.

2.2.3 Feitiço seco

A precipitação no Estado de Sokoto é de natureza altamente sazonal, com um período húmido de cerca de 4 a 6 meses em alguns casos, enquanto a estação seca é de cerca de 6 a 8 meses em alguns anos.

O período seco está basicamente associado à ausência de chuva. Chowdhury (1978) considerou-o como uma sequência de cinco dias consecutivos sem precipitação após o seu início. De acordo com Abdulrahim (1985), a importância de determinar as características do período seco reside no facto de, para o desenvolvimento agrícola, os longos períodos de seca imporem um stress significativo a algumas culturas. Assim, a determinação das características do período de seca permite compreender o tipo de cultura a plantar num ambiente de período de seca longo e num ambiente de período de seca curto. Chowdhury (1978) determina a ocorrência de um período seco como qualquer dia que acumule menos de 2,5 mm, enquanto um dia húmido é qualquer dia que acumule 2,5 mm ou mais de precipitação. Os registos anteriores mostram que houve ocorrência de períodos de seca entre 1930 e 1950 e entre 1970 e meados da década de 1990 (Olaniran, 2002).

O padrão diferencial de ocorrência de períodos secos e húmidos entre o norte e o sul da Nigéria é o resultado da variabilidade da precipitação. Na parte norte, a precipitação diminui num padrão irregular que se intensificou ao longo do tempo (Olaniran, 2002). Os meteorologistas consideram que um período de chuva é qualquer dia com mais de 0,85 mm de precipitação acumulada, menos do que um período de seca. Abdulrahim (1985) considerou o período seco como a não disponibilidade de água da atmosfera ou como o período de um dia seco entre dois dias de chuva sucessivos.

Sokoto é um dos estados do norte da Nigéria que tem sido afetado pela seca.

O período de seca durou mais tempo, ao ponto de algumas culturas não poderem tolerar a secura. Este facto dificultou o êxito da produção agrícola no Estado. O estudo do período de seca permitirá aos agricultores adotar culturas resistentes à seca. De acordo com Sirdas e Sen (2004), o período de seca pode ser expresso em termos de período de seca na unidade de tempo básica de horas, dias, mês e ano, na maioria das vezes, na avaliação da seca, o período mensal de seca e o período de chuva desempenham papéis significativos na gestão da água.

2.2.4 Mecanismos físicos da seca

A circulação atmosférica é o movimento em grande escala do ar juntamente com a corrente oceânica através da qual a energia térmica é distribuída pela superfície terrestre. De acordo com Omogbai (2010), o movimento vertical em grande escala da atmosfera nos trópicos está associado a uma temperatura elevada da superfície do mar (TSM). Este movimento aumenta o teor de humidade da camada limite sobre o mar e conduz à convergência da humidade devido à baixa pressão criada sobre as regiões de temperatura elevada à superfície do mar. De acordo com Omogbai (2010), acredita-se que todos os processos físicos associados à temperatura elevada da superfície do mar, como a ascensão vertical do ar através da libertação de calor latente, induzem a circulação atmosférica em grande escala e anomalias de aquecimento na atmosfera, o que pode ter consequências para a localização atmosférica tropical e extratropical, distante da TSM direta. De acordo com (Michael e Oladunni, 2007), a seca está geralmente relacionada com a quantidade de vapor de água na atmosfera.

A intensa radiação solar que entra nas regiões equatoriais cria ar ascendente. O ar ascendente arrefece e condensa-se, formando uma região de nuvens intensas e precipitação intensa. Esta zona é designada por Zona de Convergência Intertropical (ZCIT) e corresponde à região sobre a qual se encontram as florestas tropicais.

Anomalia da temperatura da superfície do mar no Atlântico Tropical

Segundo Olaniran (2003), o aquecimento do Oceano Atlântico tropical reduz o gradiente meridional da temperatura da superfície do mar SST a sul do ITD, o que resulta no enfraquecimento da circulação meridional de Hadley, ou seja, a circulação da atmosfera sobre os trópicos. A circulação atmosférica ocorreu como resultado de alterações no padrão da temperatura da superfície do mar tropical associadas ao El Niño - Oscilação do Sul (ENSO). A resposta atmosférica típica à anomalia quente da TSM no Pacífico equatorial, que constitui a fase quente do ENSO, inclui uma depressão anormalmente profunda no Pacífico norte e uma crista anormalmente elevada no Canadá ocidental, com o padrão associado de temperatura e precipitação observado em todo o globo (Ropelewski e Halpert 1996).

Estas alterações na circulação atmosférica resultam da propagação de ondas à escala planetária a partir da região de divergência anómala dos níveis superiores associada às alterações na convecção tropical forçada pelas anomalias da TSM do ENSO presentes ao longo do equador no Pacífico Atlântico oriental (Jeffrey e David 2000). . Folland et al (1986) mostraram que a tendência da precipitação em África entre 1901 e 1985 foi diretamente influenciada pelo padrão contrastante das anomalias da temperatura da superfície do mar (SST) à escala global.

A circulação enfraquecida reduz a intensidade do fluxo da monção do sudoeste para a África Ocidental e Central e, consequentemente, a precipitação no sul da Nigéria. Este fator resultará em seca meteorológica. Adedoyin (1989) registou uma correlação positiva significativa entre a SSTA do Pacífico Este tropical e a intensidade da precipitação no início da estação das chuvas na Nigéria.

El-Nino Oscilação Sul e outras Teleconexões (ENSO)

De acordo com Olaniran (2003), a atmosfera efectua grande parte do seu trabalho em grande escala geográfica, pelo que as anomalias climáticas tendem a ser extensas no espaço. Assim, é comum encontrar a variação de um elemento numa área correlacionada com a sua variação noutra área, por vezes bastante remota, ou podem existir correlações entre diferentes elementos a essa distância. Estas ligações são designadas por teleconexões (Bruins e Berliner, 1998).

Humidade do solo

O papel da humidade do solo no orçamento hídrico é muito variável de região para região. Para fins agrícolas, é útil considerar a quantidade mínima de água do solo que é necessária na raiz na zona radicular para permitir a extração pela planta, este mínimo é chamado ponto de murcha (Critchfield, 1974). A humidade do solo é mais importante do que qualquer outro fator ambiental na produção vegetal. Existem condições óptimas de humidade para o desenvolvimento das culturas, tal como existem condições óptimas de temperatura. O teor de água do solo pode ser medido utilizando um dispositivo chamado tensiómetro de humidade. A evaporação rápida do solo e a drenagem aumentam a seca. As culturas que crescem em solos com elevada capacidade de retenção de água são menos susceptíveis a curtos períodos de seca, as práticas de utilização do solo que tendem a aumentar o escoamento superficial diminuem o armazenamento vital de humidade no solo (Critchfield, 1974).

2.2.5 Impacto da seca

A climatologia histórica revelou que a incidência de secas na região do Sudão e do Sahel da Nigéria é uma ocorrência comum, tendo a última grande seca ocorrido entre 1971 e 1973. Este episódio de seca provocou uma fome maciça. Os seguintes Estados sofreram graves impactos. São eles: Kebbi,

Sokoto, Katsina, Kano, Jigawa Borno, Gombe, Adamawa, e Estado do Níger (Akeh et al 2002). A incidência de fome causada pela seca também foi registada na história da terra Hausa, como a fome de Kakalaba de 1913-14, a fome de Yan Buhu de 1942 e a fome de Yar Gusau de 1942 (Olaniran, 2002). A fome foi considerada por Glantz (1997) como uma situação em que se regista um declínio acentuado do estado nutricional das pessoas, o que conduz a um aumento da mortalidade e da morbilidade, bem como do número total de pessoas em risco.

De acordo com Fidelis (2003), o sector agrícola é normalmente o primeiro a ser afetado pela seca meteorológica devido à sua forte dependência do armazenamento de água no solo.

Esta água do solo esgota-se rapidamente durante um período de seca prolongado. Gonzalez et al, (2001) referiram que cerca de 2800 milhões de pessoas sofreram as consequências de desastres meteorológicos no mundo. Esta estimativa foi efectuada pela Associação Meteorológica Mundial. Além disso, entre 1967 e 1997, a seca causou direta ou indiretamente a morte de 1,3 milhões de pessoas em todo o mundo (WMO, 2006). A seca prejudicou a dinâmica e o crescimento da vegetação. No entanto, um défice de precipitação grave pode ser irrelevante para certos tipos de vegetação, enquanto um défice ligeiro causa impactos graves, especialmente durante as fases críticas do processo de crescimento (Capparrini e Manzella, 2009).

2.2.6 Índices de seca

De acordo com Jurgen et al, (1998) o indicador de seca pode ser classificado em três categorias. Estas são: Indicador meteorológico, Indicador baseado em satélites e Indicador baseado em processos. No entanto, esta investigação baseia-se em índices meteorológicos.

Índices meteorológicos de seca

Estes baseiam-se nos parâmetros meteorológicos registados na estação meteorológica. Por exemplo, a precipitação é um dos parâmetros meteorológicos utilizados para quantificar a seca com base no Índice de Precipitação Normalizado (SPI). O SPI é um indicador estatístico para avaliar a precipitação adequada ou inadequada durante um determinado período de tempo e é utilizado para estudar a relação entre a duração, a frequência e a escala temporal da seca. É calculado com base em dados contínuos de longo prazo, normalmente mais de 30 anos de registos históricos de precipitação mensal ou anual. A técnica do índice de precipitação padronizado para monitorizar a seca dá uma indicação de várias características da seca, como a gravidade e a extensão espacial (Dadhwal et al 2009).

De acordo com McKee et al (1993), um SPI de 12 meses que reflicta as tendências a médio prazo da precipitação pode mostrar eficazmente a distribuição da precipitação ao longo de estações distintas e associada aos caudais dos cursos de água, reservatórios e quantificação da seca meteorológica e agrícola.

Mortimore (1985) considera o ciclo anual de estações húmidas e secas na análise de todas as actividades agrícolas e pastoris e opinou que a quantidade de precipitação anual é um parâmetro importante que define a seca. No entanto, a distribuição durante a curta estação de crescimento de três a cinco meses pode decidir entre bons e maus rendimentos, independentemente da quantidade total de precipitação. Vários índices estatísticos para a análise da seca incluem: O Índice de Anomalia de Humidade do Solo foi desenvolvido por Begman et al (1988) para caraterizar a seca numa base global. O método baseia-se no método de contabilização da humidade de Thornthwaite (1948), que utilizou um modelo de solo de duas camadas para seguir o movimento da água, resultando, em última análise, numa avaliação do estado de saturação do solo. A técnica do balanço hídrico foi desenvolvida por Thornthwaite em 1948 e é geralmente aceite para calcular o índice de anomalia de aridez e monitorizar a seca agrícola. O Índice de Adequação da Humidade (MAI) é uma medida do grau de disponibilidade de humidade no solo para o crescimento das plantas. O índice foi desenvolvido pela

Organização das Nações Unidas para a Alimentação e a Agricultura (FAO) e aplicado por (Kumar & Panu, 1997) para a caraterização da seca agrícola no Canadá. O Índice de Severidade de Seca de Palmer (PDSI) foi desenvolvido por Palmer (1965) para a avaliação da seca meteorológica. Este índice foi utilizado por Andrej et al (2008) na análise da seca meteorológica na Eslovénia. O Índice Hidrológico de Seca de Palmer (PHDI) tem um comportamento semelhante ao do Índice de Severidade de Seca de Palmer. A distinção entre o PHDI e o PDSI reside no facto de o PHDI ser mais rigoroso na eliminação da seca e do período de chuva, sendo que os índices recuperam gradual e lentamente do que o PDSI em direção ao estado normal (Alley 1984). O Índice de Anomalia de Precipitação (RAI) foi desenvolvido por Rooy-Van (1965) para incorporar a classificação e atribuir magnitudes a anomalias de precipitação positivas e negativas.

Michael e Oladunni (2007) aplicaram o RAI para avaliar a seca a partir de dados de precipitação na confluência de dois grandes rios em Lokoja. O índice de seca de Bhalme-Mooley (BMDI) foi desenvolvido por Bhalme e Mooley (1980) e fornece uma boa medida do estado atual de seca na precipitação mensal. O índice foi aplicado por Marcos et al, (1997) para previsão de secas e análise de características no semi-árido do nordeste do Brasil.

(d) Indicador de seca baseado em satélite

Este indicador é calculado a partir de parâmetros de superfície obtidos por satélite. O desenvolvimento da técnica de deteção remota ajudou a examinar a variação espacial e temporal observada no ambiente (David, 1991). A utilização de metodologias de deteção remota e SIG é útil para a avaliação da seca.

Ambos são utilizados para obter informações actualizadas que teriam sido difíceis de recolher através de métodos tradicionais como o inquérito no terreno e a amostragem de questionários (Prathumchi, et al 2001). Os mais proeminentes são vários índices de vegetação, como o Índice de Vegetação por Diferença Normalizada (NDVI), o Índice de Condição da Vegetação (VCI) e o Índice de Condição da Temperatura. O Índice de Vegetação da Diferença Normalizada é um índice amplamente aceite para monitorizar a seca (Rabab, 2002).

Os índices de vegetação podem ser eficazes para indicar o stress hídrico em terrenos relativamente homogéneos, enquanto que em regiões heterogéneas a sua interpretação se torna mais difícil. O índice de estado da vegetação (VCI) é um indicador do estado do coberto vegetal em função dos valores mínimos e máximos de NDVI registados num determinado ecossistema ao longo de muitos anos (Kogan, 1990). O Índice de Condição da Temperatura (TCI) é um indicador equivalente baseado na temperatura da superfície derivada dos dados da Administração Oceânica e Atmosférica Nacional (NOAA) - AVHRR (Advanced Very High Resolution Radiometer), tanto o VCI como o TCI variam entre os valores de Zero e Um. Zero indica o pior estado já encontrado durante o período das imagens disponíveis. Um indica a melhor condição encontrada durante o mesmo período de tempo (Rabab 2002).

De acordo com Rabab (2002), o NDVI pode ser utilizado para indicar deficiências na precipitação e retratar a seca, tanto atempada como espacialmente. Também descreve a saúde da vegetação com base na concentração de clorofila e o seu desvio indica a gravidade da seca. Ritter (2006) salientou que existe uma relação entre a ocorrência de seca e a correlação direta entre o NDVI e a quantidade de stress da vegetação.

Song, et al, (2004) utilizaram dados da National Oceanic Atmospheric Administration (NOAA) e dados do Advanced Very High Resolution Radiometer (AVHRR) derivados do NDVI e dados meteorológicos monitorizados e detectaram a seca no sul da China.

CAPÍTULO 3

3.1 Área de estudo.

Geograficamente, o Estado de Sokoto está situado na zona da savana do Sudão. Situa-se entre as latitudes 13^0 .35' N a $14.^0$ 0'N e as longitudes 4^0 E a 6^0 E 40" Tem uma população total de 3.702.676 milhões de habitantes (NPC, 2006).

O Estado tem fronteiras com a República do Níger a norte e a oeste, com o Estado de Zamfara a leste e com o Estado de Kebbi a sul (Figura 3.1).

3.1.1 Geologia, relevo e solos

A área de estudo encontra-se numa formação sedimentar que é constituída por sedimentos não consolidados que se acredita terem sido formados ou depositados num sinclinal durante a era Cretácea e Terciária (Davis, 1982 p4).

O relevo do Estado de Sokoto é geralmente plano, embora interrompido por manchas de planalto, arenito com uma camada resistente de material laterítico em algumas partes do Estado.

A planície de Sokoto, por um lado, forma uma planície monótona derivada de rochas sedimentares mais macias com uma altura média de 300m em comparação com 700m (Davis, 1982 p2).

A área de estudo é caracterizada por loess e solos arenosos, compostos por franco-arenosos. São formados diretamente a partir do material de origem devido à secura, transportados e depositados pelo vento (Davis, 1982, p4)

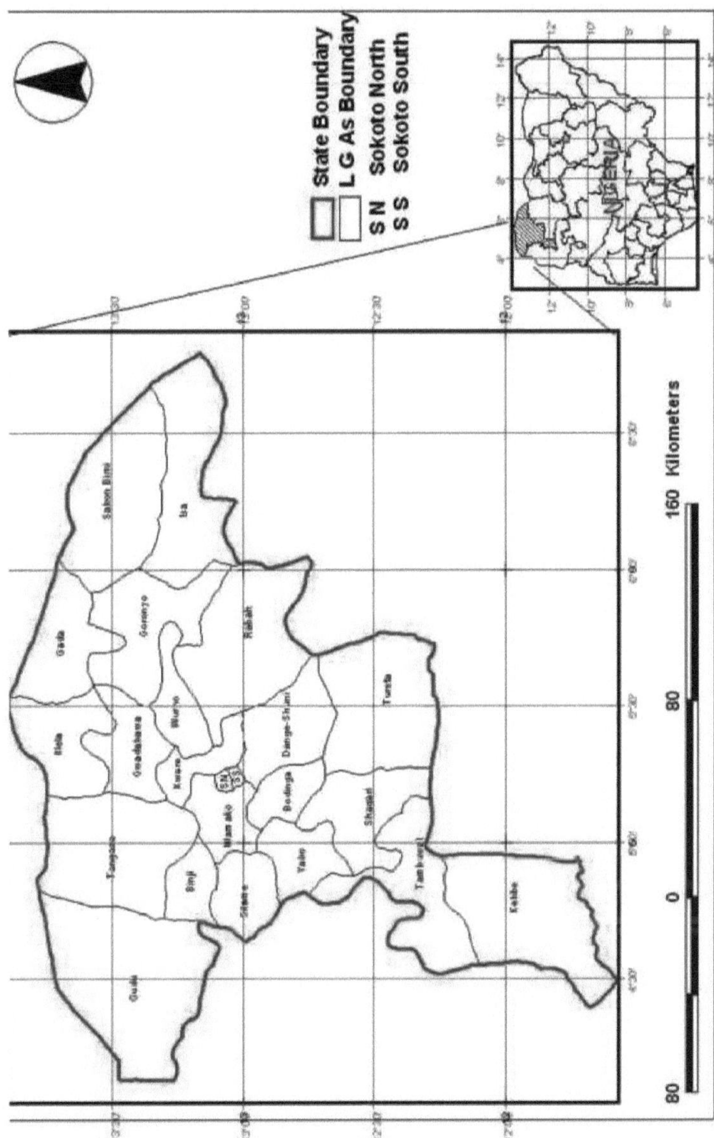

Figura 3.1 A área de estudo

Fonte: Atlas Macmillian do Ensino Secundário (2006)

3.1.2 Clima e vegetação

O clima é largamente influenciado pelas interacções entre duas massas de ar. A massa de ar tropical marítima do Oceano Atlântico e a massa de ar tropical continental do deserto do Sara. O clima é caracterizado por mudanças rápidas de temperatura e humidade. As temperaturas são geralmente elevadas nos meses de março a maio, com a temperatura média mensal mais elevada registada de cerca de 40^0 C em abril (Ayoade, 2004).

As temperaturas mais baixas ocorrem nos meses de dezembro e janeiro devido à influência do harmattan. A previsão sazonal da precipitação pelo NIMET (2011) mostra que o norte da Nigéria terá um intervalo entre 300 mm e 1100 m. A humidade relativa é muito elevada durante a estação das chuvas, atingindo cerca de 65 a 70%.

A vegetação da área de estudo enquadra-se no tipo de classificação savana do Sudão, com a presença de gramíneas e arbustos com menos de um metro de altura. A vegetação florestal em algumas partes do Estado inclui árvores de Neem (Dogonyaro) e Boaba (Kuka) (Adefolalu, 1990). A maior parte do Estado situa-se na zona da Savana do Sudão, onde co-dominam árvores e espécies de gramíneas curtas com menos de um metro (Davis 1982 p12) **3.1.3 Sistema de drenagem do Estado de Sokoto.**

A Figura 3.2 mostra a bacia de drenagem de Sokoto. A área de estudo tem dois rios principais, que são: Rio Rima e Rio Sokoto. O rio Rima tem as suas nascentes em Kano, Katsina e na vizinha República do Níger, enquanto o rio Sokoto tem as suas principais nascentes no estado de Katsina, em torno de Funtua e Dan'dume. O rio Bunsuru e o rio Gangare são os dois principais afluentes que correm na direção norte, onde se encontram e desaguam no rio Rima.

(Davis, 1982 p8).

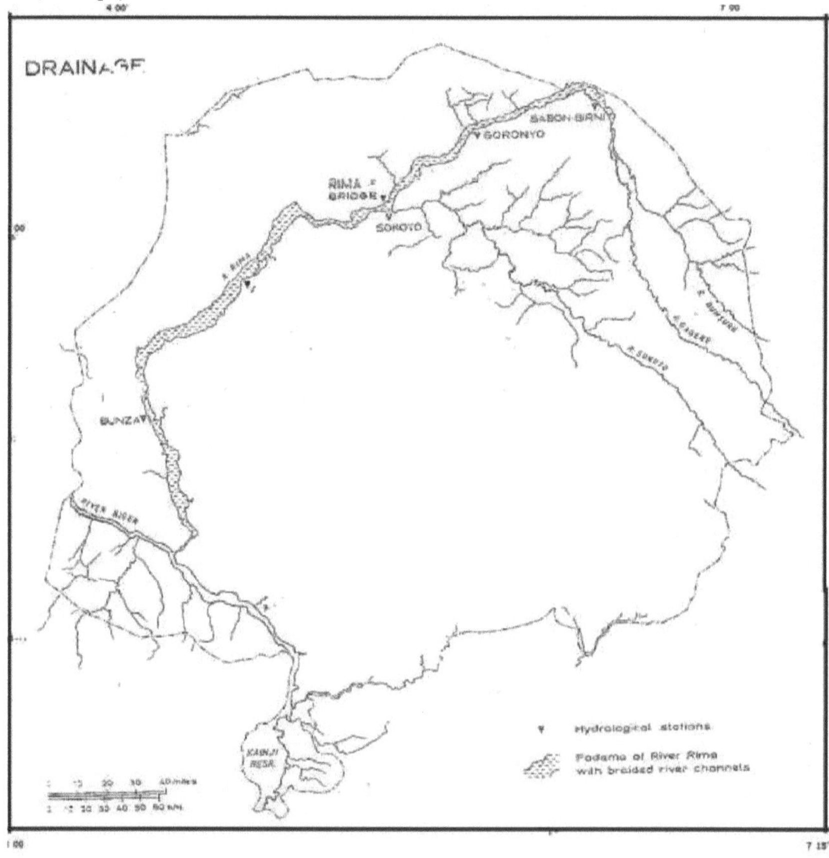

Figura 3.2 Sistema de drenagem da área de estudo Fonte: (Adaptado de Davis, 1982 p8)

3.2 Base de dados para o estudo

Os dados necessários para este trabalho incluem a precipitação diária e os dias de chuva em Sokoto durante o período de 1970 a 2009. Outro conjunto de dados utilizado inclui informações sobre as culturas comuns cultivadas na área de estudo. A fonte de dados para este estudo é principalmente secundária. As informações sobre a precipitação foram recolhidas junto da Agência Meteorológica da Nigéria (NIMET) no Aeroporto Sultan Abubakar III de Sokoto). Os dados de precipitação recolhidos da NIMET foram registados diariamente durante 40 anos. A razão subjacente à escolha de dados de precipitação de 40 anos é a conformidade com a norma climatológica da Organização Meteorológica Mundial baseada num período de 30 a 35 anos. De acordo com Kawana (2002), os dados do pluviómetro fornecem informações precisas sobre a precipitação nas imediações do instrumento. As informações sobre o rendimento das culturas seleccionadas foram obtidas no Projeto de Desenvolvimento Agrícola do Estado de Sokoto (SADP). Da mesma forma, os registos de precipitação disponíveis de 2000 a 2009 também foram recolhidos do Projeto de Desenvolvimento Agrícola de Sokoto (SADP). Esta precipitação recente foi utilizada para a análise espacial da seca.

3.3 Métodos de análise de dados

3.3.1 Análise de séries temporais (TSA). A média mensal foi calculada dividindo a precipitação acumulada num mês pelo número total de dias de chuva nesse mês, utilizando a equação da média. Os dados foram introduzidos no Microsoft Excel e transpostos para obter uma soma de 480 meses (40 anos). A análise foi efectuada utilizando o software Minitab.

3.3.2 Coeficiente de variação (C.V)

A variabilidade inter-anual e inter-decadal da precipitação em Sokoto durante o período de 1970-2009 foi examinada utilizando o coeficiente de variação. Este coeficiente é definido da seguinte forma:

$$CV = \frac{\sigma}{\bar{x}} \times 100 \qquad \text{Equ}\ldots\ldots\ldots\ldots 3(1)$$

Onde:

CV = Custo da variação

σ = Desvio padrão

$\bar{x}$ = Média da série cronológica

3.3.3 Técnicas de Walter (1965). A determinação das datas de início e cessação da chuva, bem como a duração da estação de crescimento para a Estação de Sokoto durante o período 1970-2009, foi calculada utilizando a técnica de Walter (1965) com base nos valores mensais de precipitação derivados dos dados diários. . Os cálculos basearam-se na seguinte fórmula:

$$\textbf{Days in month} \times \frac{\text{51mm\_ accumulated rainfall in previous month}}{\text{Total rainfall for the month}} \qquad \text{Equ}\ldots\ldots 3(2)$$

O mês em questão é aquele em que o total acumulado de precipitação é superior a 51 mm. Para calcular a data de cessação, a fórmula acima é aplicada na ordem inversa, acumulando o total para trás a partir de dezembro, para obter a data exacta da cessação das chuvas.

Análise de períodos secos. A análise foi efectuada utilizando dados diários de precipitação de 1970-2009. [th]Foram utilizados cinco dias consecutivos com precipitação inferior a 2,5 mm, propostos por Chowdhury (1978), para determinar a frequência de períodos de seca entre 7 de maio e 30 de setembro.

3.3.4 Índice de Precipitação Normalizado (SPI)

O Índice de Precipitação Normalizado (SPI) é um índice baseado no registo de precipitação para um local e um período escolhido, normalmente meses ou anos. Foi considerada uma escala temporal de 12 meses. Isto deve-se à natureza discreta da precipitação em ambientes semi-áridos.

A escala temporal de 12 meses é adequada. O índice quantifica o défice de precipitação em várias escalas temporais (Agnew, 2002). O SPI para uma determinada estação é determinado através da seguinte equação:

$$SPI = \left(X_{ik} - X_i / \sigma_i \right) \quad\text{...........} \quad \text{Equ.......} \quad 3\,(3)$$

Onde:

SPI = Índice de Precipitação Normalizado

X_{ik} = Precipitação observada para a estação

X_i = Precipitação média registada na estação

σ_i = Desvio normalizado para a estação

Todos os valores negativos do SPI indicam a ocorrência de seca, enquanto os valores positivos indicam a ausência de seca (Akehet al, 2000). O SPI tem a vantagem da consistência estatística e da capacidade de refletir o impacto da seca a curto e a longo prazo do que outros índices como o Índice de Seca de Palma (Guttman, 1998). As categorias de seca de várias magnitudes podem ser obtidas a partir da escala do SPI, tal como indicado por (Mckee et al 1993) e apresentado no Quadro 3.1

Tabela 3.1 Valores do SPI e intensidade da precipitação

SPI Values	Precipitation Intensity
2.00 +	Extremely wet
1.50 to 1.99	Very wet
1.00 to 1.46	Moderately wet
0.00 to -0.99	Mild dry
-1.00 to 1.49	Moderately dry
-1.50 to -1.99	Severely dry
≤ to -2.00	Extremely dry

Fonte: Adotado de McKee, et al, (1993)

3.3.5 Índice de Anomalia de Precipitação (RAI).

Nesta técnica, os valores de precipitação para o período de estudo foram classificados por ordem decrescente de magnitude, sendo a precipitação mais elevada classificada em primeiro lugar e a precipitação mais baixa em último. Foi calculada a média dos dez valores de precipitação mais elevados, bem como a média dos dez valores de precipitação mais baixos para o período de estudo. A primeira média é designada por média máxima de 10 extremos e a segunda média é designada por média mínima de 10 extremos. São conhecidas como precipitação média de 10 extremos para anomalias positivas e negativas, respetivamente. Esta técnica, desenvolvida por Van-Rooy, (1965), é dada pela equação:

$$RAI = \pm 3 \frac{P - \overline{P}}{\overline{E} - P} \quad \text{Equ..........} \quad 3\,(4)$$

Onde:

RAI = Índice de Anomalia de Precipitação

$\overline{P}$ = Média a longo prazo da precipitação anual (mm)

$\overline{E}$ = Precipitação média de 10 - extremos (mm) para os valores positivos e negativos de a

P = Precipitação efectiva para cada ano

±3 = Constante

3.3.6 Análise espacial da seca

A análise das ocorrências espaciais de foi efectuada utilizando dados de séries cronológicas recentes de (2000-2009). Os dados foram recolhidos da Autoridade de Desenvolvimento Agrícola de Sokoto (SADP). O Índice de Precipitação Normalizado foi utilizado para gerar informações sobre as condições de seca em vários locais. A análise foi efectuada utilizando o software de mapas ArcGIS. A Figura 3.3 mostra as várias estações de precipitação localizadas no estado de Sokoto.

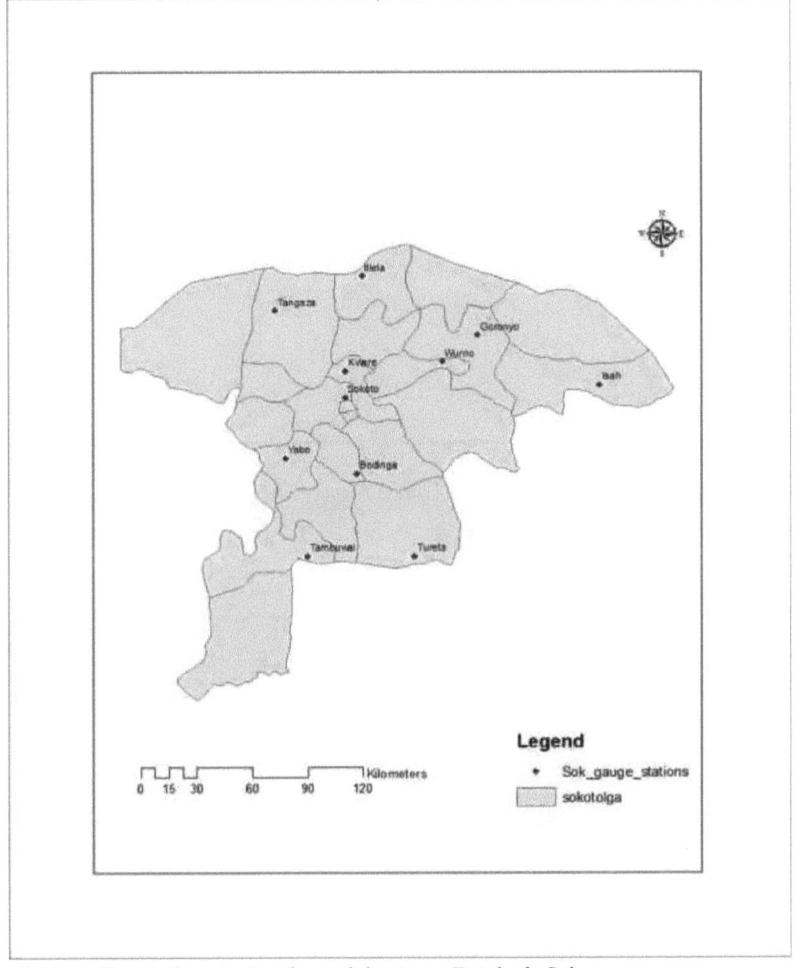

Figura 3.3 Localização das estações de precipitação no Estado de Sokoto.

3.3.7 Análise de regressão múltipla

A análise de correlação múltipla foi utilizada para examinar o padrão de associação em Sokoto. Valores de correlação entre o SPI, o RAI e a produção de milho, sorgo, arroz, painço e feijão-frade. Estas correlações variam entre -1 e +1 e medem a força da correlação linear entre as variáveis. Quando o valor da associação é + (positivo), sugere que, à medida que X aumenta, Y aumenta. Enquanto o valor é - (negativo), sugere que, à medida que X aumenta, Y diminui. O valor p testa a significância estatística da correlação estimada. Um valor p inferior a 0,05 indica uma correlação não nula estatisticamente significativa a um nível de confiança de 0,95%.

$$R_{123} = \sqrt{\frac{r_{12}^2 + r_{13}^2 - 2r_{12}r_{13}r_{23}}{1 - r_{23}^2}} \qquad \text{Equ} \quad \dots\dots\dots\dots 3\ (5)$$

Onde:

R_{123}=Coeficiente de correlação múltipla

r_{12} = Coeficiente de correlação linear entre as variáveis X_1 e x_2

r_{13} = Coeficiente de correlaçãocoeficiente de correlação linear entre as variáveis X_1 e x_3

r_{23} = Coeficiente de correlação linear entre as variáveis X_2 e x_3

CAPÍTULO 4

RESULTADO E ANÁLISE: TENDÊNCIA E VARIABILIDADE DA PRECIPITAÇÃO NO ESTADO DE SOKOTO

Este capítulo apresenta a análise dos dados e a interpretação dos resultados, bem como as suas implicações para a área de estudo.

4.1 Padrão da precipitação média mensal em Sokoto (1970 -2009)

A estatística descritiva do padrão da precipitação média mensal em Sokoto (1970-2009) é apresentada na Tabela 4.1(a). Observou-se que a precipitação média mensal mais elevada foi registada em maio de 1983 e agosto de 1978, com 44,8 mm e 40,7 mm, respetivamente. Esta tabela mostra ainda que maio de 1971 e setembro de 1973 registaram os valores mais baixos de precipitação média mensal de 0,43 mm. Esta tendência coincide com a seca do Sudão Saeliano da década de 1970, tal como observado por vários académicos (Motimore, 1989, Olaniran, 2002, e Fidelis 2003). Uma análise mais aprofundada mostrou que as chuvas de outubro foram registadas com a média mensal mais elevada de 18,5 mm em 1978 e 25,0 mm em 2009. Os valores mais baixos registados variam entre 0,43 mm (1971) e 1,6 mm (2008). Isto implica que houve períodos de cessação tardia da precipitação relevantes para a plantação de culturas de dupla estação. A precipitação média mensal é relevante para as necessidades hídricas das plantas e também dá uma ideia da natureza da gestão agrícola numa área.

Quadro 4.1 (Precipitação média mensal em Sokoto (1970-2009)

YEAR	JAN	FEB	MAR	APRIL	MAY	JUN	JULY	AUG	SEPT	OCT	NOV	DEC
1970	0.00	0.00	0.00	0.00	6.97	6.76	24.8	13.4	14.3	0.00	0.00	0.00
1971	0.00	0.00	0.00	0.00	11.9	8.50	16.6	13.1	0.43	0.00	0.00	0.00
1972	0.00	0.00	0.00	17.5	19.1	13.2	14.6	14.1	9.28	18.4	0.00	0.00
1973	0.00	0.00	0.00	2.05	0.43	9.22	8.12	9.21	11.5	0.00	0.00	0.00
1974	0.00	0.00	0.00	2.00	8.15	1.98	10.1	10.8	8.69	21.4	0.00	0.00
1975	0.00	0.00	0.00	0.60	12.7	10.6	11.4	11.4	9.46	0.00	0.00	0.00
1976	0.00	0.00	0.00	0.30	9.77	10.9	12.3	20.4	15.3	14.3	0.00	0.00
1977	0.00	0.00	0.00	0.00	8.83	9.65	27.2	22.3	8.69	0.00	0.0	0.00
1978	0.00	0.00	0.00	5.05	0.00	17.5	14.9	40.8	12.6	18.5	0.00	0.00
1979	0.00	0.00	0.00	0.00	3.70	11.4	14.3	18.9	9.50	0.00	8.90	0.00
1980	0.00	0.00	0.00	7.20	29.7	19.2	11.8	12.1	9.83	6.80	0.00	0.00
1981	0.00	0.00	0.00	0.00	16.9	14.4	14.9	12.1	8.47	0.00	0.00	0.00
1982	0.00	0.00	0.00	0.00	6.00	12.8	16.1	18.7	25.5	4.90	0.00	0.00
1983	0.00	0.00	0.00	0.00	44.7	30.7	28.6	11.7	9.54	0.00	0.00	0.00
1984	0.00	0.00	0.00	0.00	0.00	15.8	17.6	15.8	11.5	0.00	0.00	0.00
1985	0.00	0.00	0.00	20.5	16.7	13.1	9.15	12.7	10.2	0.00	0.00	0.00
1986	0.00	0.00	0.00	0.00	12.1	18.2	15.1	12.7	12.7	0.00	0.00	0.00
1987	0.00	0.00	31.0	0.00	2.25	7.01	7.81	21.5	8.97	12.8	0.00	0.00
1988	0.00	0.00	0.00	2.90	0.00	13.4	18.5	13.6	18.8	0.00	0.00	0.00
1989	0.00	0.00	0.00	0.00	8.90	13.1	8.84	7.62	7.50	8.30	0.00	0.00
1990	0.00	0.00	0.00	0.00	13.3	10.3	23.2	10.9	11.8	0.00	0.00	0.00
1991	0.00	2.80	10.2	6.10	16.3	14.6	13.3	13.2	8.53	4.03	0.00	0.00
1992	0.00	0.00	0.00	0.00	9.73	12.3	12.6	11.0	20.6	0.00	0.00	0.00
1993	0.00	0.00	0.00	5.00	27.4	9.93	15.8	19.9	9.98	0.00	0.00	0.00
1994	0.00	0.00	0.00	0.00	0.00	7.40	14.9	19.8	15.5	5.50	0.00	0.00
1995	0.00	0.00	0.00	2.70	5.93	5.80	15.4	10.7	9.13	2.40	0.00	0.00
1996	0.00	0.00	0.00	0.00	9.57	23.5	17.3	12.9	10.3	7.55	0.00	0.00
1997	0.00	0.00	2.80	1.80	15.7	21.8	12.5	14.6	5.25	5.43	0.00	0.00
1998	0.00	0.00	0.00	10.0	1.70	9.86	13.9	13.1	34.1	1.70	0.00	0.00
1999	0.00	0.00	0.00	0.00	9.00	10.6	9.58	20.6	11.2	7.60	0.00	0.00
2000	0.00	0.00	0.00	0.00	6.23	11.9	32.9	19.9	9.11	8.10	0.00	0.00

2001	0.00	0.00	0.00	0.00	11.4	5.11	14.8	12.9	13.8	0.00	0.00	0.00
2002	0.00	0.00	0.00	1 6.7	8.42	18.9	19.0	13.2	17.3	10.1	0.00	0.00
2003	0.00	0.00	0.00	9.20	5.83	14.0	23.9	22.2	20.8	2.95	0.00	0.00
2004	0.00	0.00	0.00	10.0	19.3	11.4	13.1	18.1	8.00	0.00	0.00	0.00
2005	0.00	0.00	0.00	11.9	26.9	12.7	18.2	13.2	12.7	5.20	0.00	0.00
2006	0.00	0.00	0.00	0.00	4.80	10.1	12.3	16.9	15.5	14.9	0.00	0.00
2007	0.00	0.00	0.00	3.30	15.2	13.1	18.3	13.6	9.91	0.00	0.00	0.00
2008	0.00	0.00	0.00	0.70	8.10	11.6	20.9	8.14	10.4	1.60	0.00	0.00
2009	0.00	0.00	0.00	2.70	21.5	17.1	24.4	13.2	14.4	25.0	0.00	0.00

Fonte: Cálculo do autor 2011

4.2 Tendência da precipitação média mensal em Sokoto (1970-2009)

O resultado da precipitação média mensal durante 40 anos (1970-2009) foi submetido a uma análise de séries temporais. O resultado mostra um ligeiro nível de variação, especialmente na precipitação média mensal entre 1970-2009 Figura 4.1 O resultado da análise da série temporal indica que o erro percentual absoluto médio (MAPE) é 181,173, o desvio absoluto médio (MAD) é 6,706 e o desvio quadrático médio (MSD) é 63,015. Os valores MAPE, MAD e MSD medem o nível de exatidão da série cronológica. A equação da linha de tendência é apresentada da seguinte forma

Equação de tendência linear $= Yt = 5.14675 + 4.40E\text{-}30^*t$ .... equ (4)1

A equação acima implica que foi registado um ligeiro aumento nos valores mensais da precipitação no período em estudo. Assim, a precipitação média mensal em Sokoto sugere que a precipitação tem vindo a aumentar numa base mensal. De facto, a equação 4(1) mostra que por cada 5,1 mm de média mensal em Sokoto, a precipitação aumentará em 0,0044 mm. A tendência sugere um aumento da precipitação num futuro próximo, o que constitui uma prova das alterações climáticas previstas pelo NIMET (2011).

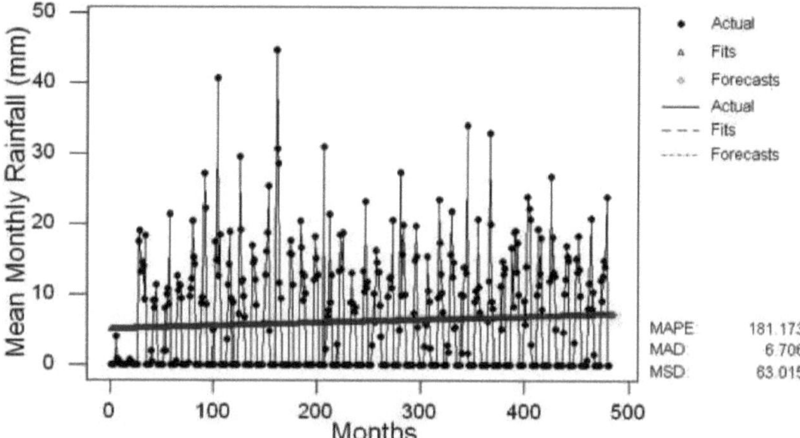

Figura 4.1 Análise de tendências para a precipitação média mensal.

4.3 Padrão de precipitação anual em Sokoto 1970-2009

O padrão da precipitação anual é apresentado na (Tabela 4.3). A tabela mostra que a precipitação anual mais elevada foi de 836 mm em 1977, enquanto que 844,1 mm foram registados em 1998. Os valores médios mais baixos foram registados em 1973 (330,2 mm) e 1971 (342,8 mm). Os valores mais elevados e mais baixos de precipitação sugerem um elevado desvio acima e abaixo da média a longo prazo. De facto, todos os valores são heterogéneos, representando um elevado nível de variabilidade numa base anual de (1970-2009). Esta variabilidade tem várias implicações, nomeadamente na agricultura. De acordo com Madu e Ayogu (2010), 70% da variação na produção agrícola no norte da Nigéria é causada pela variabilidade da precipitação. A Figura 4.2 indica a representação gráfica da média anual em Sokoto.

Tabela 4.2 Padrão de desvio da precipitação anual em relação ao normal em Sokoto (1970-2009)

Years	Annual Rainfall (mm)	Deviation
1970	625.7	+25.64
1971	342.8	-257.3
1972	534.1	-65.96
1973	330.2	-269.9
1974	479.7	-120.4
1975	542.2	-57.86
1976	674.7	+74.64
1977	836.0	+235.9
1978	711.7	+111.6
1979	594.9	-5.160
1980	549.9	-50.16
1981	560.3	-39.76
1982	565.9	-34.16
1983	623.2	+23.14
1984	439.0	-161.1
1985	434.8	-165.3
1986	475.8	-124.3
1987	369.4	-230.7
1988	667.3	+67.24
1989	478.4	-121.7
1990	653.9	+53.84
1991	708.8	+108.7
1992	549.0	-51.06
1993	642.2	+42.14
1994	762.1	+162.0
1995	508.3	-91.76
1996	641.0	+40.94
1997	645.5	+45.44
1998	844.1	+244.0
1999	755.4	+155.3
2000	710.2	+110.1
2001	514.2	-85.86
2002	730.0	+129.9
2003	706.7	+106.6
2004	648.1	+48.04
2005	624.3	+24.24
2006	715.7	+115.6
2007	631.9	+31.64
2008	506.4	-93.66
2009	668.5	+68.44
Mean	600.06	/

Fonte: Cálculo do autor 2011

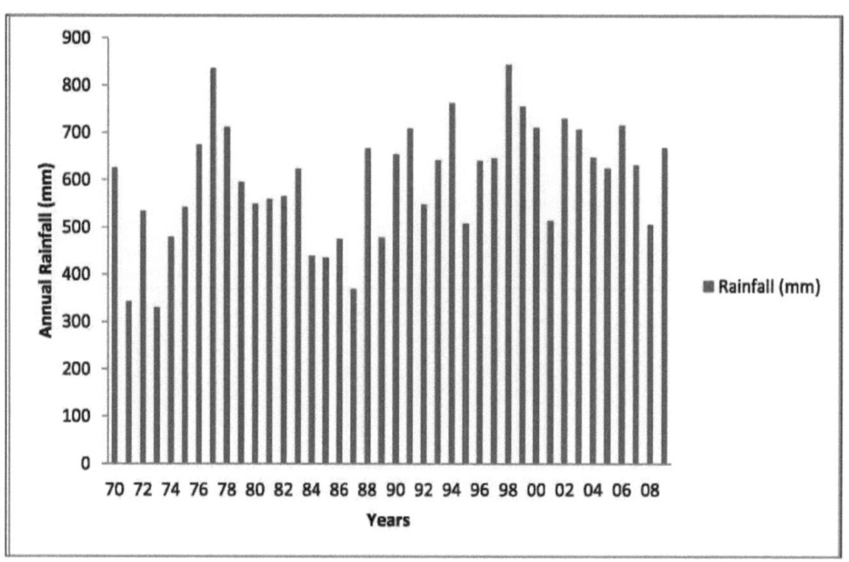

Figura 4.2 Padrão de precipitação anual em Sokoto de 1970 a 2009

4.4 Tendência dos dias de chuva anuais em Sokoto 1970 -2009

A duração da estação húmida é a diferença entre as datas previstas para o início e para o fim da estação, enquanto o número de dias de chuva é a frequência do número de dias em que foram registadas chuvas, tudo apresentado na Tabela 4.3.

O resultado mostra que a duração dos dias de chuva é muito variável em Sokoto, e que 30 dias foi o número mais baixo de dias de chuva registado em 1984 (Quadro 4.3). Este facto corresponde à seca moderada registada no mesmo ano com base na identificação de categorias de seca pelo SPI com um valor de (0,29 no Quadro 5.1). Do mesmo modo, a precipitação mais elevada registada na série cronológica foi em 1998, com 844,1 mm em 44 dias. Por conseguinte, é imperativo notar que o número de dias de chuva não será o fator determinante da seca meteorológica por si só, mas sim a distribuição mensal e a quantidade de precipitação recebida durante a estação chuvosa desempenham um papel importante.

Quadro 4.3 Duração da estação húmida, número de dias de chuva e precipitação anual em Sokoto

Year	Duration of rainy Season	Number of Rains days	Annual Rainfall (mm)
1970	68	40	625.7
1971	60	30	342.8
1972	113	38	534.1
1973	83	40	330.2
1974	59	52	479.7
1975	121	50	542.2
1976	132	54	674.7
1977	107	50	836.0
1978	85	44	711.7
1979	101	43	594.9
1980	72	40	549.9

1981	125	43	560.3
1982	85	33	565.9
1983	115	32	623.2
1984	81	30	439.0
1985	107	37	434.8
1986	72	32	475.8
1987	68	32	369.4
1988	87	44	667.3
1989	104	53	478.4
1990	116	42	653.9
1991	87	57	708.8
1992	96	41	549.0
1993	113	42	642.2
1994	72	49	762.1
1995	75	47	508.3
1996	117	45	641.0
1997	84	50	645.5
1998	81	52	844.1
1999	66	58	755.4
2000	83	41	710.2
2001	83	41	514.2
2002	95	48	730.0
2003	45	37	706.7
2004	87	45	648.1
2005	125	43	624.3
2006	64	51	715.7
2007	106	47	631.9
2008	106	47	506.4
2009	123	43	668.5
Mean	**92**	**43**	**600.06**

Fonte: Cálculo do autor 2011

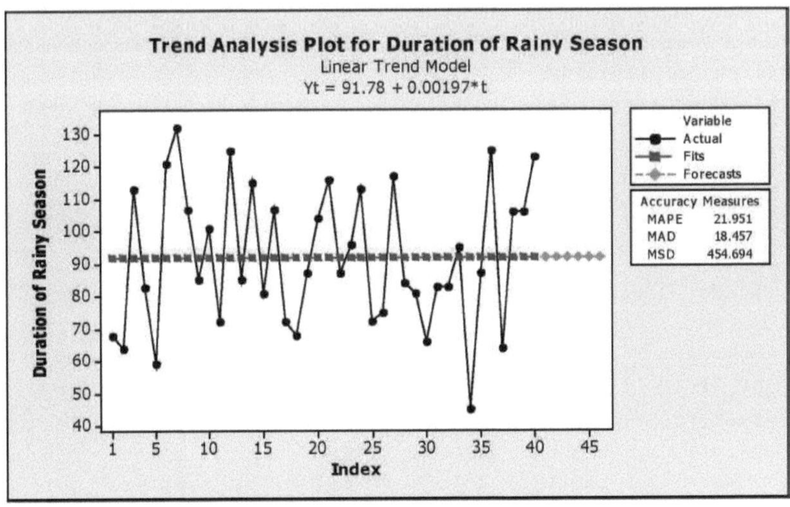

Figure 4.3   Análise da tendência da duração da estação das chuvas

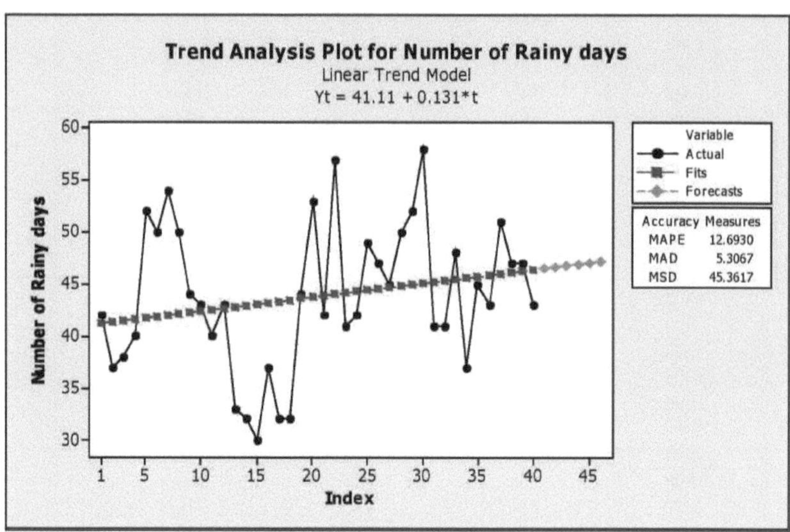

Figure 4.4   Análise da tendência do número de dias de chuva

O resultado da análise das tendências é apresentado na Figura 4.3 e na Figura 4.4, que representam a duração da estação das chuvas e o número de dias de chuva, respetivamente. A previsão baseou-se numa projeção de 6 anos para ambas as variáveis, ou seja, de 2009 a 2015. A razão por detrás disto está em consonância com a visão nigeriana de 2015, onde esta previsão tem uma relação direta com a segurança alimentar. A análise de tendências mostra os dados originais, a linha de tendência ajustada e a previsão. A equação de tendência ajustada e a precisão da medida também foram apresentadas. As medidas de precisão ajudam a determinar o valor ajustado de MPE, MAD e MSD. A Figura 4.3 mostra que o movimento da linha de tendência é parcialmente reto, enquanto a Figura 4.3 indica o movimento ascendente. Por implicação, o resultado revela que a área de estudo irá registar um aumento gradual da duração das chuvas a partir de 91 dias. No entanto, para o número de dias de chuva, a linha de tendência mostra um movimento ascendente, sugerindo um aumento numa base anual, como previsto na Figura 4.4.

Quadro 4.4 Frequência da duração da estação das chuvas e número de dias de chuva em Sokoto

Duration of Class Interval	Rainy season Frequency	%	Number of Rainy Days Class Interval	Frequency	%
45 - 55	1	2.50	30 - 33	5	12.5
46 - 65	2	5.00	34 - 36	0	00.0
66 - 75	7	17.5	37 - 39	4	10.0
76 - 85	9	22.5	40 - 43	12	30.0
86 - 95	2	05.5	44 - 47	7	17.5
96 - 105	4	12.5	48 - 50	5	12.5
106 - 115	7	17.5	51 - 53	4	10.5
116 - 125	6	15.0	54 - 57	2	05.0
126 - 135	2	05.0	58 - 60	1	02.5
Total	40	100	Total	40	100

Fonte: Cálculo do autor 2011

O resultado da análise da duração da estação chuvosa e do número de dias de chuva é apresentado na Tabela 4.5. A análise mostra que 17,5% da estação chuvosa caiu entre um intervalo de classe 66 a 75, 22,5% caiu dentro do intervalo de 76 -85 e 2,50% foi o menor entre 45-55 intervalo de classe. A Tabela 4.5 mostra que 30% do número de dias de chuva caiu entre 40 e 43 intervalos de classe, enquanto 17,5% entre 44 e 47 e 10% entre 51 e 53 intervalos de classe. A análise revela que no intervalo de classe 34-36 a frequência foi zero. Esta análise tem várias implicações. Quanto mais longa for a estação das chuvas, maior será o teor de humidade do solo nas terras agrícolas e a seca agrícola será atenuada.

Assim, o excedente alimentar aumenta. Isto significa que os agricultores de Sokoto utilizarão o longo período de crescimento para plantar diferentes variedades de culturas. Consequentemente, aumentarão os seus meios de subsistência e a crise de segurança alimentar será reduzida ao mínimo indispensável.

4.5 Tendências no início, cessação e duração da estação de crescimento em Sokoto 19702009

As datas de início e de cessação desempenham um papel importante na medição da eficácia da precipitação. O início é o período em que a chuva se torna bastante contínua e suficiente para garantir uma humidade adequada do solo após a plantação (NIMET, 2009). Este nível de água no solo deve ser mantido à medida que a estação avança para o estabelecimento bem sucedido das culturas. A concentração geral das datas de início, conforme indicado no Quadro 4.6, mostra que junho registou o valor mais elevado de 50%, enquanto julho teve 20% e maio 30%. No entanto, o resultado mostra que em 2004 o início começou a 7th de maio e um início tardio ou atrasado foi registado a 11th de julho de 1974. Por implicação, uma falha no estabelecimento do início da precipitação afecta normalmente os agricultores de forma negativa através do processamento de empréstimos para actividades agrícolas.

A data de início tem sido considerada uma informação crucial e a mais desejável pelos agricultores.

A data de cessação, por outro lado, é o período que marca o fim da estação agrícola húmida. A Tabela 4.6 mostra que 80% das cessações ocorrem entre 1st e 15th de setembro, enquanto 5% das cessações foram registadas em outubro e 15% por volta de agosto. A análise revelou que, em 2009, houve uma cessação tardia em 13th outubro, o que corresponde ao início tardio em 12th junho.

Os períodos de cessação são tão cruciais como os inícios na área de estudo, uma vez que afectam a produção de culturas arvenses e a produção de energia hidroelétrica na Nigéria. A implicação da cessação precoce registada em 2003 e 2004, como indicado na Tabela 4.2, resultou em temperaturas elevadas que aceleraram o processo de desenvolvimento das culturas e forçaram a maturidade, o que levou a uma diminuição significativa da produção agrícola.

Quadro 4.5 Características da precipitação em Sokoto 1970-2009

Years	Onset		Cessation		Duration of Rainy Season (days)	Number of Rain days
1970	2nd	July	15th	Sept	74	40
1971	9th	June	10th	August	63	30
1972	18th	May	8th	Sept	113	38
1973	27th	June	22nd	Sep	83	40
1974	11th	July	8th	Sept	59	52

1975	18th May	16th Sept	121	50
1976	23rd May	2nd Oct	132	54
1977	4th June	19th Sept	107	50
1978	15th June	8th Sept	85	44
1979	11rd June	19th Sept	101	43
1980	23rd May	2nd August	72	40
1981	19th May	20th Sept	125	43
1982	2nd June	24th Sept	85	33
1983	1st June	23rd Sept	115	32
1984	24th June	12th Sept	81	30
1985	7th June	21st Sept	107	37
1986	3rd July	12th Sept	72	32
1987	1st July	6th Sept	68	32
1988	14th June	8th Sept	87	44
1989	6th June	17th Sept	104	53
1990	30th May	22nd Sept	116	42
1991	8th May	2nd August	87	57
1992	6th June	9th Sept	96	41
1993	26th May	15th Sept	113	42
1994	29th June	8th Sept	72	49
1995	4th July	16th Sept	75	47
1996	24th May	17th Sept	117	45
1997	11th May	2nd August	84	50
1998	16th June	4th Sept	81	52
1999	2nd July	5th Sept	66	58
2000	11th June	1st Sept	83	41
2001	2nd July	22nd Sept	83	41
2002	2nd June	4th Sept	95	48
2003	18th June	1st August	45	37
2004	7th May	1st August	87	45
2005	11th May	12th Sept	125	43
2006	2nd July	3rd Sept	64	51
2007	2nd June	15th Sept	106	47
2008	3rd June	16th Sept	106	47
2009	2nd June	15th Oct	104	43

Fonte: Cálculo do autor 2011

A duração da estação húmida é a diferença entre as datas previstas para o início e o fim da estação, enquanto o número de dias de chuva é a frequência do número de dias de chuva registados. A Figura 4.4 mostra a duração dos dias de chuva, que é muito variável no Estado de Sokoto.

A Tabela 4.5 mostra que 1976 tem a maior duração da estação chuvosa, com 132 dias, seguida de 125 dias em 1981 e 2005. Isto indica que há variabilidade nos dias de chuva anuais para o período 1970-2009. A duração mais baixa da estação chuvosa foi registada em 1974 com 59 dias, 1971 com 64 dias e 1970 com 68 dias.

Por implicação, durante as estações chuvosas mais curtas, os agricultores podem considerar variedades de espécies de culturas com maturidade precoce em vez de variedades com maturidade tardia. A variabilidade dos dias e da duração da chuva foi descrita por Umar (2010) como afectando negativamente a produção alimentar e colocando em perigo a segurança alimentar.

Outra implicação é que, uma vez que a estação chuvosa é prolongada com alta frequência de dias de chuva, o período de chuva aumenta. No entanto, numa situação em que há uma longa duração da estação chuvosa correspondente à diminuição do número de dias de chuva pode ser prejudicial ao desenvolvimento das plantas e ao rendimento das culturas. Além disso, a análise da Figura 4.3 e da Figura 4.4 mostra que os valores reais oscilaram entre o pico, o moderado e o mais baixo. A Tabela 4.5 mostra o início e a cessação da estação chuvosa calculados usando o método de Welter (1967) para determinar as datas.

O resultado indicou que junho e setembro têm a maior concentração de início e cessação. Umar (2008) sublinhou que estas implicações desempenham um papel significativo na previsão do início e do fim da estação de crescimento. A diminuição do número de dias de chuva entre 1984-1986, como mostra a Tabela 4.6, corresponde a uma seca moderada com base na classificação de seca do SPI. Uma análise mais aprofundada no Quadro 5.1 mostra que em 1987 foi registado um valor de -1,20 SPI que corresponde a 32 dias de chuva. A implicação da cessação antecipada que apareceu em 1980, 1991, 2003 e 2004 resultará numa seca terminal ou tardia.

Tabela 4.6 Distribuição de frequências das datas de início e cessação das chuvas determinadas pelo método de Walter (1967)

Onset		Cessation	
	Frequenc		Frequenc
Class Interval	**y**	**Class Interval**	**y**
Before 7th May	0	Before 1st August	0
7th May - 11th May	4	1st August - 5th August	5
12th May - 16th May	0	6th August - 10th August	1
17th May - 21st May	3	11th August - 15th August	0
22nd May - 26th May	4	21st August - 25th August	0
27th May - 31st May	1	26th August - 31st August	0
1st June - 5th June	8*	1st Sept - 5th Sept	5
6th June - 10th June	3	6th Sept - 10th Sept	7
11th June - 15th June	4	11th Sept - 15th Sept	6
16th June - 20th June	2	*16th Sept - 20th Sept*	8*
21st June - 25th June	1	21th Sept - 25th Sept	6
26th June - 30th June	2	26th Sept - 30th Sept	0
1st July - 5th July	7	1st Oct - 5th Oct	1
6th July - 10th July	0	6th Oct - 10th Oct	0
11th July - 15th July	1	11th Oct - 15th Oct	1
After 15th July	0	After 15th Oct	0
***Mean Class of onset**	**40**	***Mean Class of cessation**	**40**

Fonte: Cálculo do autor 2011

Os resultados da análise da distribuição de frequências foram apresentados na Tabela 4.6. Indicam que entre 1st e 5th junho registou a frequência mais elevada, que é a classe modal e foi considerada como a classe média de início em Sokoto. A média efectiva da data de início é 3rd junho, utilizando a equação média entre 1st e 5th junho. O limite superior da data de cessação situa-se entre 16th e 20th de setembro, que foi considerado como a classe média de cessação da chuva em Sokoto. A média do início e da data está relacionada com a previsão sazonal de precipitação da NIMET (2011), uma vez que foi prevista para 5th de junho.

A análise do início e cessação médios também coincide com os estudos anteriores realizados por Umar (2008), onde as datas de início e cessação das chuvas em Sokoto caíram entre 1st junho e 20th setembro, respetivamente. As figuras 4.5 e 4.6 mostram o desvio das datas de início e cessação das chuvas determinadas pelo método de Walter (1967) em relação às datas médias na área de estudo.

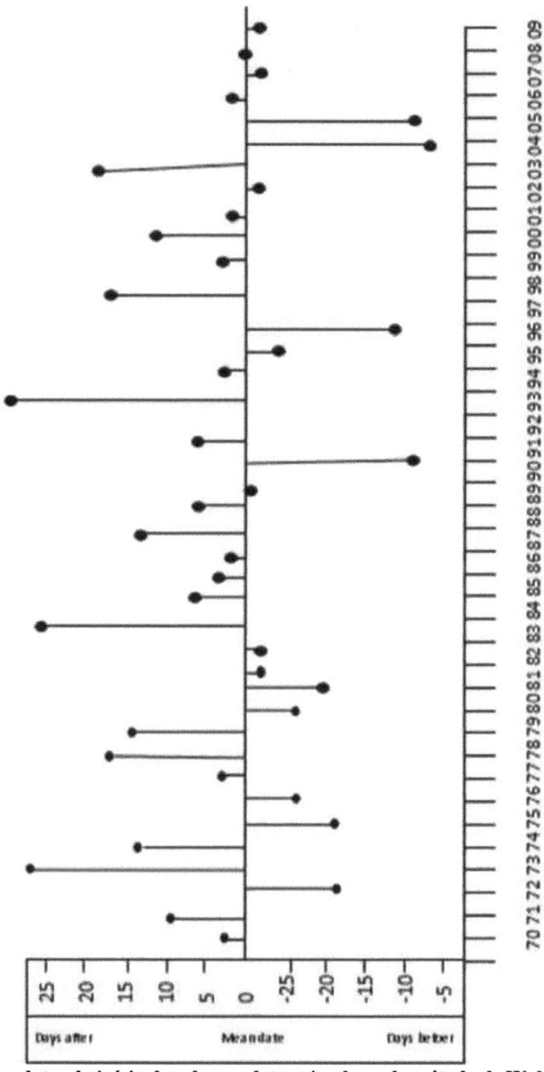

Figura 4.5 Desvio das datas do início das chuvas determinadas pelo método de Walter (1967) em relação às datas médias em Sokoto.

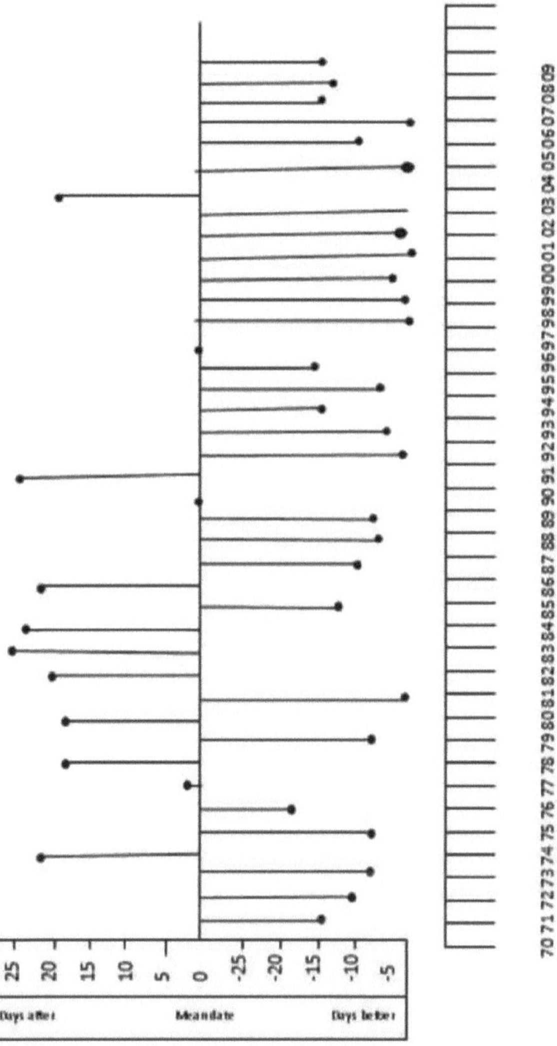

Figure 4.6   Desvio das datas de cessação das chuvas determinadas pelo método de Walter (1967) em relação às datas médias em Sokoto.

4.6 Tendência do período de seca em Sokoto 1970-2009

A estação das chuvas no Sahel é caracterizada por uma sequência de dias sem precipitação ou com precipitação muito baixa, conhecida como período seco. A duração dos períodos de seca é o número de dias até ao dia seguinte em que a precipitação é superior a um determinado valor limite (Sivakumar, 1992). O valor limite do período de seca é considerado inferior a 2,5 mm (Abdulrahim citou Chowdhury, 1985). A análise dos períodos de seca foi examinada utilizando cinco dias consecutivos sem chuva ou com precipitação muito baixa, inferior a 2,5 mm, entre 7th de maio e 30th de setembro, e é apresentada no Quadro 4.8. A maior frequência de períodos de seca foi registada em

1971 com o valor 16. A frequência diminui para 10 (1972), 9 (1973) e 8 em (1974). Além disso, a análise da Tabela 4.7 mostra que entre 1975 e 1981 a frequência de ocorrência de períodos de seca diminui ligeiramente. No entanto, o resultado mostra que a frequência mais baixa foi registada em 1998 (6). A correlação entre o SPI e a frequência de ocorrências de períodos de seca é de -0,249 com um valor calculado de 0,122. Isto confirma que, à medida que o período de seca aumenta, o valor negativo do SPI também aumenta e diminui os valores positivos do SPI. Abdulrahim (1985) salientou a importância da análise do período de seca, que ajuda o agricultor a compreender o tipo de culturas a plantar durante o longo período. Outra implicação de um longo período de seca na estação das chuvas levou a uma série de técnicas de adaptação por parte dos agricultores na parte mais setentrional de Sokoto (Iliya et al, 2009), como a conservação da água no solo e a plantação de variedades de culturas resistentes à seca. A análise da tendência apresentada na Figura 4.7 mostra que a linha de tendência está a mover-se para baixo, indicando uma diminuição dos períodos de seca na estação das chuvas. O resultado revelou que a tendência de previsão está a diminuir, assim como a frequência de períodos de seca.

Consequentemente, a seca meteorológica e a seca agrícola no meio da estação, que afectam as culturas durante as fases de crescimento nos próximos anos projectados, podem não ser sentidas.

Tabela 4.7 Padrão de períodos de seca na cidade de Sokoto 1970 -2009

Years	Frequency of dry spells
1970	14
1971	16
1972	10
1973	9
1974	8
1975	9
1976	8
1977	6
1978	5
1979	6
1980	8
1981	7
1982	9
1983	11
1984	10
1985	9
1986	6
1987	14
1988	6
1989	9
1990	9
1991	9
1992	8
1993	8
1994	6
1995	10
1996	9
1997	6
1998	5
1999	6
2000	7
2001	9
2002	5

2003	10
2004	9
2005	11
2006	10
2007	9
2008	6
2009	14

Fonte: Cálculo do autor 2011

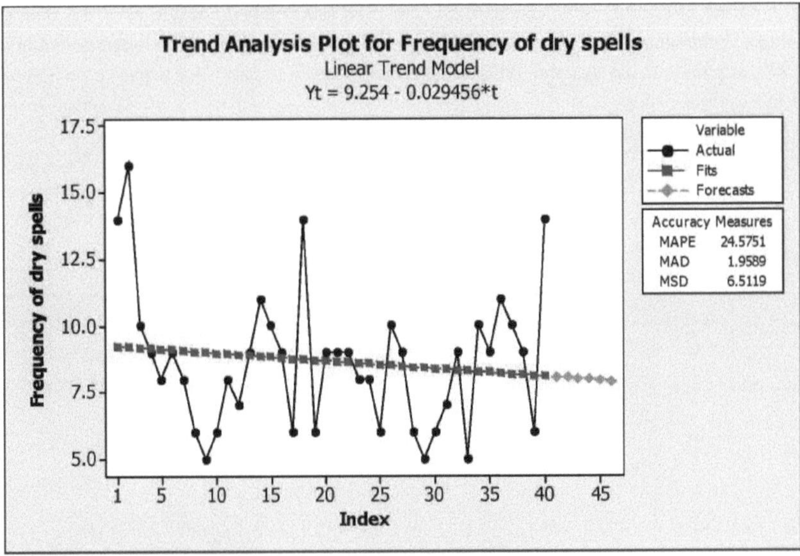

Figura 4.7 Variação temporal do período de seca de 1970-2009

4.7 Variabilidade inter-anual da precipitação em Sokoto 1970-2009

O resultado apresentado na Tabela 4.3 mostra a precipitação anual de 1970-2009 e a média a longo prazo (600,05 mm). A análise mostra um elevado nível de variabilidade inter-anual de ano para ano, com o valor mais elevado em 1998 (844,1 mm) e 1997 (836,0 mm). Os valores mais baixos foram registados em 1973 (330,2 mm) e 1971 (342,8 mm), que se caracterizaram por períodos de seca meteorológica 40% abaixo da média a longo prazo e 43% abaixo do valor médio. Este facto está relacionado com a definição de seca meteorológica de Sinha-Ray (2001), tal como referido anteriormente. O coeficiente de variação indica um elevado nível de variabilidade com a maior variação interanual em 1970 (218 %) e 1970 (238 %) e a menor em 1985 com 0,71 %. Os resultados da Tabela 4.2 também revelam que o desvio padrão foi altamente variável em 19702009.

4.8 Variabilidade interdecadal da precipitação em Sokoto 1979-2009

A análise da variabilidade decadal da precipitação anual é apresentada na Tabela 4.8. O resultado mostra uma grande variabilidade dentro das décadas em estudo. A primeira década 1970-1979 foi caracterizada por uma precipitação média muito baixa (484.3mm). Isto também corresponde a uma das piores secas meteorológicas do Sudão e do Sahel, registada nos anos 70, que atingiu o seu pico em 1973, levando a uma falha generalizada das culturas, tal como relatado por Mortimore (1986). Na década de 1990-1999, a situação foi diferente das outras décadas, tendo-se registado um aumento gradual da precipitação média (681,4 mm). O coeficiente de variabilidade mostra uma variação elevada, com 32,6% na primeira década, enquanto 13,1% registaram a variação mais baixa na última década. 1% registou a menor variação na última década (2000-2009). A primeira e a segunda décadas (1970-1979), (1980-1989) registaram precipitações abaixo da média de -116 mm e -14 mm, enquanto as outras décadas registaram precipitações acima da média a longo prazo de cerca de +81,3 (1990-1999) e +12 em (2000-2009).

A análise indica ainda que, na segunda década, entre 1985 e 1987, a precipitação total anual está abaixo do desvio inferior a -10%, enquanto que em 1988 está acima do desvio de +10% da média a longo prazo. Finalmente, a análise revela que a precipitação está a diminuir ao longo do tempo entre 1970-1979, atingindo o seu pico em 1980-1989, o que corresponde ao valor negativo do SPI (-0,71) na Tabela 5.1.

Tabela 4.8 Variabilidade decadal da precipitação anual em Sokoto 1970-2009

Decadal	Decadal Amount	Mean	S.D (mm)	C.V (%)	Decadal change	Different from long term average of 600.06mm	Years < -10% of departure	Years >+ 10% of departure
1970 - 1979	5672	484.3	158	32.6	/	-116	1971,1972,1973	1976, 1977,1978,
1980 - 1989	5164	555.1	95.5	17.2	+70	-41.9	1984,1985, 1986,1987,1989	1988
1990 - 1999	6710	681.4	100	14.6	+126	+81.3	1995	1994, 1998,1999
2000 - 2009	6450	612.2	80.1	13.1	-67	+12.1	2001, 2008	2000, 2002,2003 2006,2009

Fonte: Cálculo do autor 2011

CAPÍTULO 5

FREQUÊNCIA DAS SECAS NO ESTADO DE SOKOTO (1970-2009)

5.1 Análise temporal da seca em Sokoto (1970-2009)

O resultado do Índice de Precipitação Normalizado (SPI) apresentou três cenários de seca diferentes: seca meteorológica ligeira, moderada e extrema (Tabela 5.1). Um cenário ligeiro é quando o valor do SPI está entre 0 e -0,99, um cenário moderado quando o valor está entre -1,00 e 1,49 e uma seca extrema é quando o SPI é $\leq$ -2,00. Os padrões de tendência temporal estão claramente ilustrados na Figura 4.5. O resultado na Tabela 5.1 mostra que uma tendência negativa foi registada entre 1970 e 1975, seguida por uma tendência positiva em 1976 a 1979, enquanto em 1988 e 1987 as tendências negativas e positivas se seguiram uma à outra. No entanto, a partir de 1978, tem-se registado uma tendência decrescente constante. Isto implica que, desde 1978 até à data, se registou um ligeiro aumento da precipitação, tal como referido anteriormente na análise das tendências.

Tabela 5.1 Valores do Índice de Precipitação Normalizado

Years	SPI Value
1970	0.15
1971	-1.50
1972	-0.38
1973	-1.57
1974	-0.70
1975	-0.34
1976	0.43
1977	1.37
1978	0.65
1979	-0.03
1980	-0.29
1981	-0.23
1982	-0.20
1983	0.13
1984	-0.94
1985	-0.96
1986	-0.72
1987	-1.34
1988	0.39
1989	-0.71
1990	0.31
1991	0.63
1992	-0.30
1993	0.25
1994	0.94
1995	-0.53
1996	0.24
1997	0.26
1998	1.42
1999	0.90
2000	0.64
2001	-0.50

2002	0.76
2003	0.62
2004	0.28
2005	0.14
2006	0.67
2007	0.19
2008	-0.54
2009	0.40

Fontes: Cálculo do autor 2011

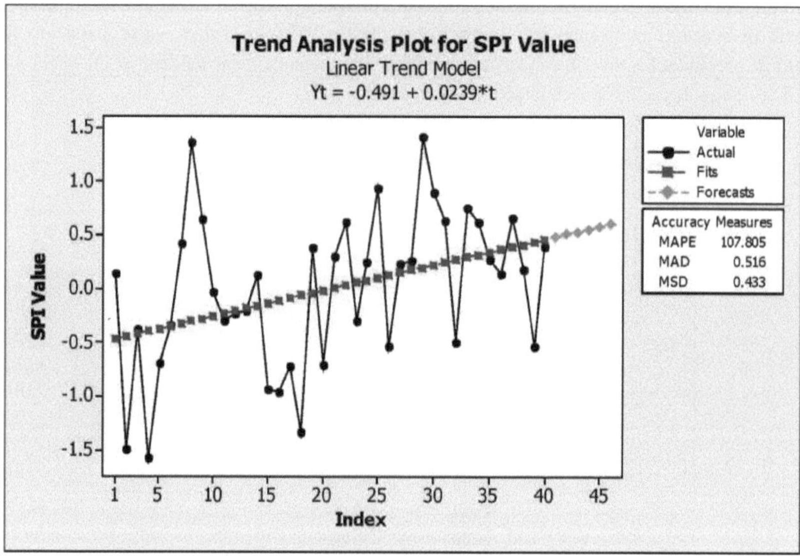

Figure 5.1 Variação temporal do valor do SPI em Sokoto (1970-2009)

A Tabela 5.1 mostra três cenários diferentes de seca que podem ser discernidos na área de estudo com base na classificação SPI. São eles: seca ligeira, seca moderada e seca grave. Além disso, a seca leve é uma condição em que o valor do SPI varia entre 0 e -0,99, a seca moderada é uma situação em que o valor do SPI varia entre --1,0 e - 1,49, a seca severa é uma situação em que o valor do SPI varia entre -1,50 e -1,99 e $\leq$- 2 denota seca extrema.

Por implicação, a condição de seca moderada mostra que a precipitação recebida é ligeiramente inferior à média de longo prazo.

O resultado mostra que 17 anos (42,5%) dos 40 anos em estudo registaram valores negativos de SPI com condições de seca ligeira registadas em 14 anos (35%) e um ano testemunhou um evento de seca moderada, nota-se que a seca de 1971 e 1973 não tem precedentes, estes são 2 anos que têm o mais grave na área de estudo. A figura (5.1) também indica um movimento positivo ascendente, sugerindo que a seca em 6 anos está a chegar como previsto.

No entanto, deve ser observado que a seca de 1971 e 1973 foi sem precedentes, estes são os dois anos que registaram a seca mais grave na área de estudo.

Tabela 5.2 Frequência de eventos de seca determinados pelo SPI em Sokoto 1970-2009

SPI Value	Categories	Years	Frequency	(%)
0 to -0.99	Mild drought	1974,1975,1980,1981, 1982,1984,1985,1986 1989,1992,1995,2001 2008,1972	14	3 5
-1.00 to -1.49	Moderate drought	1987	1	2.5
-1.50 to -1.99	Severely drought	1971, 1973	2	5
$\leq$ - 2.00	Extreme drought	/	0	0

Fonte: Cálculo do autor 2011

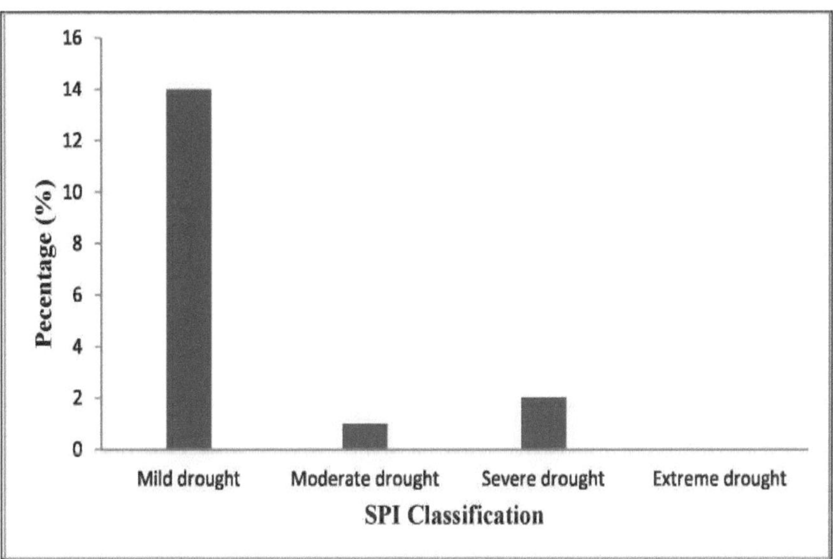

Figure 5.2   Percentagem de valores negativos com base na escala temporal de 12 meses do SPI.

Os períodos de seca grave registaram-se em 1971 e 1973. Estes dois anos coincidem com o período de baixa Temperatura da Superfície do Mar (SST) no Atlântico Tropical e a Seca Caeliana (Olaniran, 2002). Outro fator responsável pela seca extrema foi o facto de a Zona de Convergência Intertropical (ZCIT) não ter penetrado tão a norte, tal como referido por Mortimore (1989). Durante o período em estudo, registaram-se diferentes cenários de seca. Estes variam de seca ligeira a grave. A implicação do acima exposto é que as secas meteorológicas são inevitáveis na região do Sahel.

O Índice de Anomalia da Precipitação (RAI) tem um sinal constante positivo e negativo. A anomalia positiva é uma situação em que a média dos dez valores mais elevados dos dados da série temporal foi calculada como média máxima, enquanto a anomalia negativa é a média dos dez valores mais baixos, também conhecida como média mínima. Os índices mostram que houve secas no período em análise, em que 17 dos 40 anos registaram valores negativos do Índice de Anomalia da Precipitação. Os restantes 23 anos registaram um Índice de Anomalia da Precipitação positivo. A análise revelou que 1971 (-5,21, -4,72) e 1973 (-5,47, -4,95) registaram os índices de anomalia da precipitação mais elevados, tanto negativos como positivos. O valor mais baixo de RAI foi registado em 1979 (-0.10, -0.09), conforme apresentado na Tabela 5.3. No entanto, a tendência da anomalia indica uma série de flutuações de baixo para cima (Figura 5.3).

Tabela 5.3 Valores do Índice de Anomalia de Precipitação

YEAR	+ RAI	- RAI
1970	0.52	0.47
1971	-5.21	-4.72
1972	-1.33	-1.21
1973	-5.47	-4.95
1974	-.2.45	-2.21
1975	-1.17	-1.06
1976	1.51	1.37
1977	4.78	4.32
1978	2.26	2.04
1979	-0.10	-0.09
1980	-0.87	-0.92
1981	-1.02	-0.72
1982	-0.69	-0.63
1983	0.47	0.42
1984	-2.26	-3.03
1985	-3.35	-2.28
1986	-2.52	-4.22
1987	-4.67	-4.22
1988	1.36	1.23
1989	-2.46	-2.23
1990	1.08	0.99
1991	2.20	1.99
1992	-1.03	-0.93
1993	0.84	0.77
1994	3.29	2.97
1995	1.86	-1.68
1996	0.83	0.74
1997	0.92	0.83
1998	4.95	4.48
1999	3.15	2.85
2000	2.23	2.02
2001	-1.74	-1.57
2002	2.63	2.38
2003	2.16	1.96
2004	0.97	0.88
2005	0.49	0.44
2006	2.34	2.12
2007	0.65	0.58
2008	-1.21	-1.72
2009	1.35	1.26

Fonte: Cálculo do autor 2011

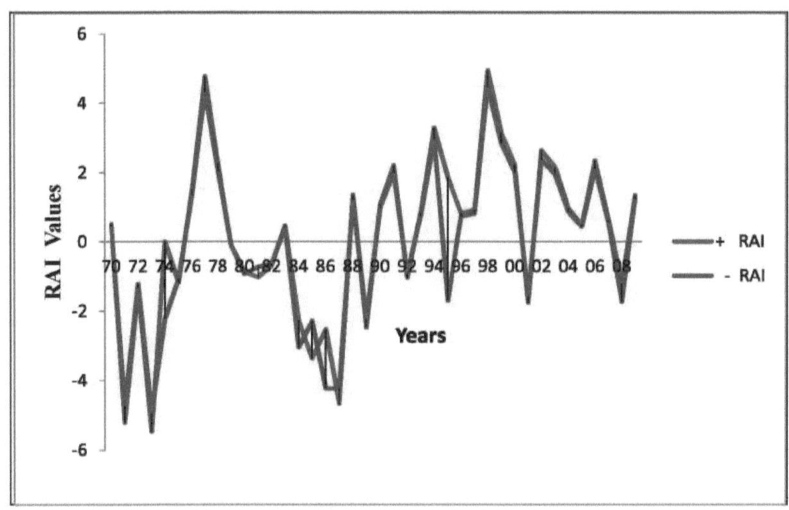

Figure 5.3 Índice de anomalias de precipitação

5.2 Análise comparativa entre o SPI e o RAI

De acordo com a Tabela 5.4, registaram-se secas severas em 1971 e 1973, com valores +RAI de (-5.21, -4.72), valores -RAI (-5.47, -4.95) e valores SPI de (-1.50, -1.57). Este intervalo coincide com a classificação de McKee et al, (1996) de seca meteorológica extrema e severa. Este período coincide com o período de seca global amplamente causado pelo El nino (Olaniran, 2002). No entanto, uma análise crítica da Figura 5.3 sugere que a magnitude da gravidade dos valores de humidade e de seca parece mais elevada no IAR do que no IPS. Embora os dois índices tenham usado uma variável semelhante, que é o valor médio. O resultado da correlação linear do momento de Pearson, cujo valor calculado é 0,983. Estes valores mostram uma forte relação entre o SPI e o RAI, com um nível de confiança significativo de cerca de 99,2%. Este facto confirma ainda que tanto o SPI como o RAI medem uma caraterística semelhante da seca.

Quadro 5.4 Comparação entre o SPI e o RAI (1970-2009)

YEAR	SPI	+ RAI	- RAI
1970	0.15	0.52	0.47
1971	-1.50	-5.21	-4.72
1972	-0.38	-1.33	-1.21
1973	-1.57	-5.47	-4.95
1974	-0.70	-.2.45	-2.21
1975	-0.34	-1.17	-1.06
1976	0.43	1.51	1.37
1977	1.37	4.78	4.32
1978	0.65	2.26	2.04
1979	-0.03	-0.10	- 0.09
1980	-0.29	-0.87	-0.92
1981	-0.23	-1.02	-0.72
1982	-0.20	-0.69	-0.63
1983	0.13	0.47	0.42
1984	-0.94	-2.26	-3.03

1985	**-0.96**	-3.35	-2.28
1986	**-0.72**	-2.52	-4.22
1987	**-1.34**	-4.67	-4.22
1988	**0.39**	1.36	1.23
1989	**-0.71**	-2.46	-2.23
1990	**0.31**	1.08	0.99
1991	**0.63**	2.20	1.99
1992	**-0.30**	-1.03	-0.93
1993	**0.25**	0.84	0.77
1994	**0.94**	3.29	2.97
1995	**-0.53**	1.86	-1.68
1996	**0.24**	0.83	0.74
1997	**0.26**	0.92	0.83
1998	**1.42**	4.95	4.48
1999	**0.90**	3.15	2.85
2000	**0.64**	2.23	2.02
2001	**-0.50**	-1.74	-1.57
2002	**0.76**	2.63	2.38
2003	**0.62**	2.16	1.96
2004	**0.28**	0.97	0.88
2005	**0.14**	0.49	0.44
2006	**0.67**	2.34	2.12
2007	**0.19**	0.65	0.58
2008	**-0.54**	-1.21	-1.72
2009	**0.40**	1.35	1.26

Fonte: Cálculo do autor 2011

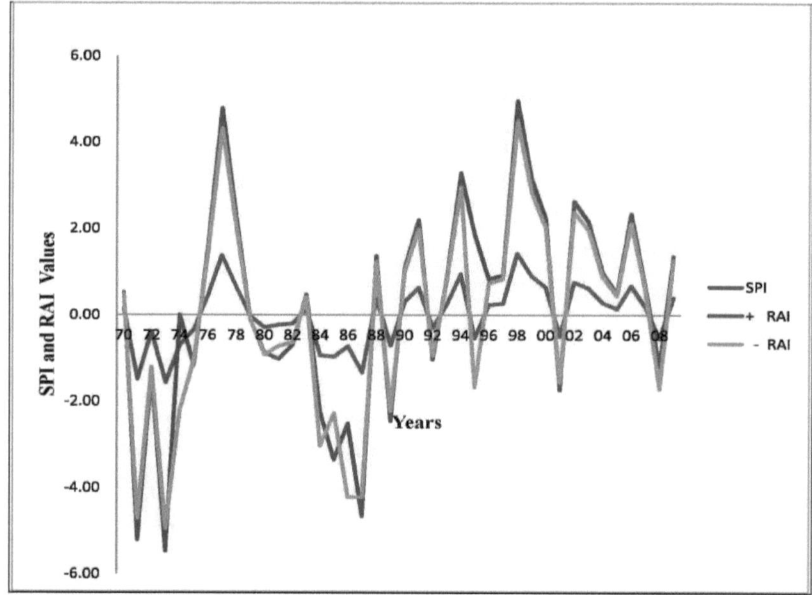

Figura 5.4 Gráfico superimposto de SPI e RAI para Sokoto (1970-2009)

CAPÍTULO 6

ANÁLISE DO PADRÃO ESPÁCIO-TEMPORAL DA SECA EM SOKOTO 2009-2009

6.1 Padrão espácio-temporal da seca no Estado de Sokoto 2000-2009

Nos estudos sobre a seca, a análise da cobertura da área é sempre importante, uma vez que é uma das características da quantificação da seca. Assim, o Quadro 6.1 apresenta o padrão espacial da meteorologia no Estado de Sokoto. O resultado do SPI em locais seleccionados no Estado de Sokoto é apresentado no Quadro 6.1.

A análise mostrou diferentes níveis de seca com base na quantificação do SPI com tendências negativas e positivas. Uma tendência negativa implica a existência de seca, enquanto uma tendência positiva sugere uma pluviosidade adequada.

Os resultados relativos a Tambuwal revelam tendências negativas em 2002, 2004, 2007, 2008 e 2009, enquanto Yabo revela tendências positivas em 2000, 2001, 2003 e 2006.

O resultado mostra ainda que se registou uma tendência negativa em Tureta em 2000 (-0,9), 2006 (-0,29) e 2009 (-1,68). O resultado para Goronyo é negativo em 2000 (-1.38) 2004 (-.0.01) e -0.53 em 2006. A análise mostra claramente que, na área de estudo, se registaram secas meteorológicas tanto temporal como espacialmente, o que tem fortes implicações para a agricultura e levou a uma redução significativa da produção agrícola. As localizações seguintes foram também apresentadas separadamente em forma de gráfico, respetivamente nas Figuras 6.1 a 6.11.

Tabela 6.1 Padrão Espacial - Temporal do Índice de Precipitação Normalizado (SPI) para locais seleccionados no Estado de Sokoto (2000-2009)

Locations	2000	2001	2002	2003	2004	2005	2006	2007	2008	2009
Tambuwal	1.08	0.13	-0.06	1.78	-0.32	-0.35	0.62	-0.08	-1.28	-1.26
Yabo	-0.33	-0.56	0.45	-0.07	0.23	-0.98	0.64	-0.62	2.32	-1.08
Tureta	0.25	-0.97	1.68	0.44	0.02	0.49	-0.29	-0.48	1.03	-1.68
Bodinga	-0.89	-0.47	0.86	-0.13	-0.02	-1.18	1.41	-0.57	1.72	-0.73
Sokoto	-1.35	-0.17	-0.82	0.13	-0.21	-0.57	0.43	2.40	0.16	2.82
Wurno	0.49	-1.58	-0.53	0.36	1.41	-0.07	0.72	1.61	-0.27	0.37
Kware	-1.34	0.33	-1.08	-0.78	1.14	-0.82	1.55	0.62	0.28	0.66
Goronyo	-1.38	0.20	0.15	1.12	-0.01	0.45	-0.53	0.11	0.81	0.35
Tangaza	1.02	-0.82	1.87	-0.39	-0.68	-0.80	0.47	-1.23	0.78	-0.17
Isa	-1.14	-0.39	-1.80	-0.93	-0.30	1.31	0.04	0.24	0.88	0.79
Illela	-1.25	-0.66	-0.29	-0.82	0.76	-0.04	-1.14	1.32	1.44	0.69

Fonte: Cálculo do autor 2011

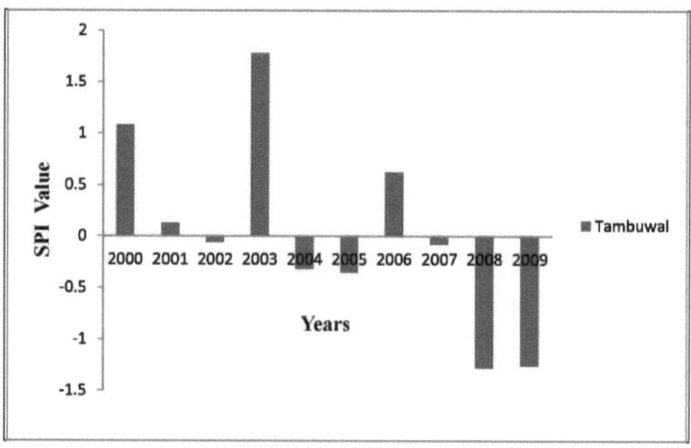

Figura 6.1 SPI de 12 meses para a estação de Tambuwal

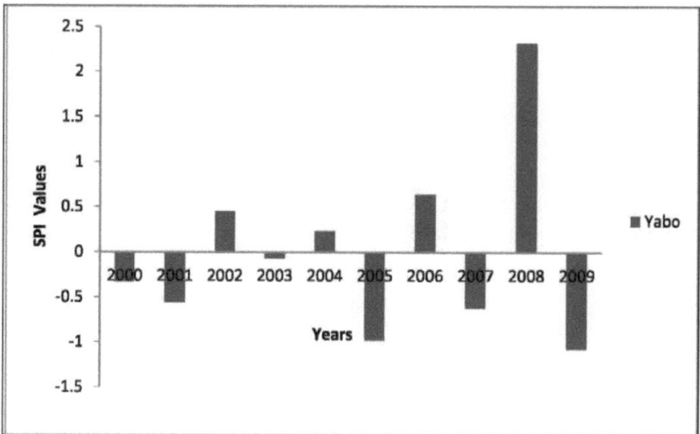

Figura 6.2 12 Meses SPI Estação de Yabo

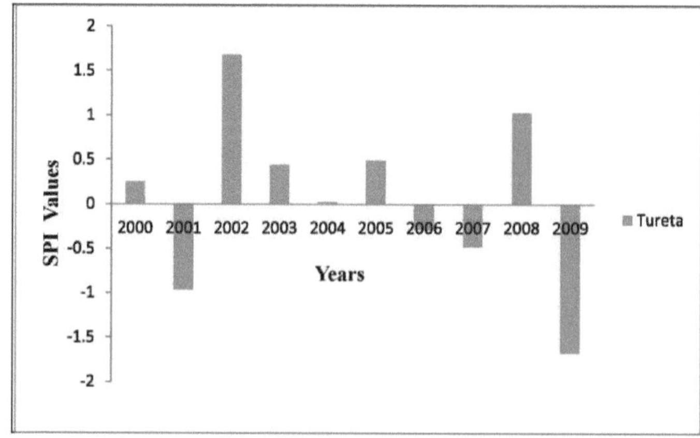

Figura 6.3 SPI de 12 meses para a estação de Tureta

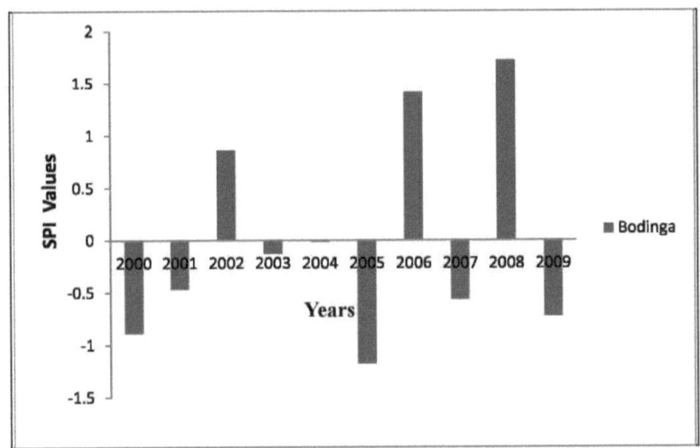

Figura 6.4 12 Meses SPI para a Estação de Bodinga

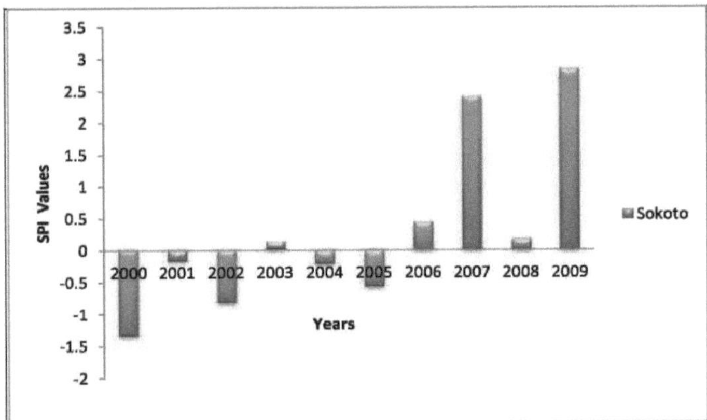

Figure 6.5   12 meses de SPI para a estação de Sokoto

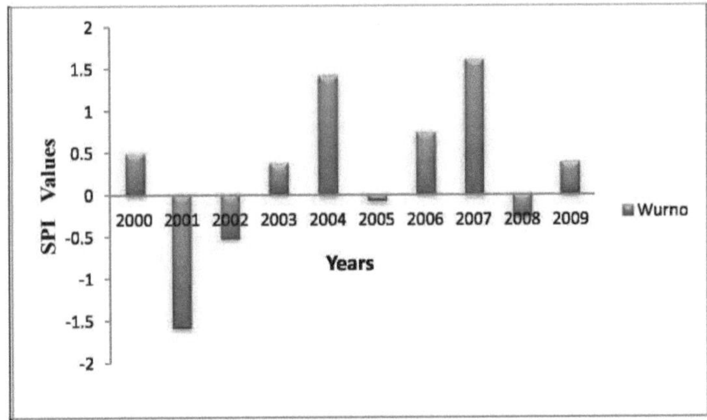

Figure 6.6   SPI de 12 meses para a estação de Wurno

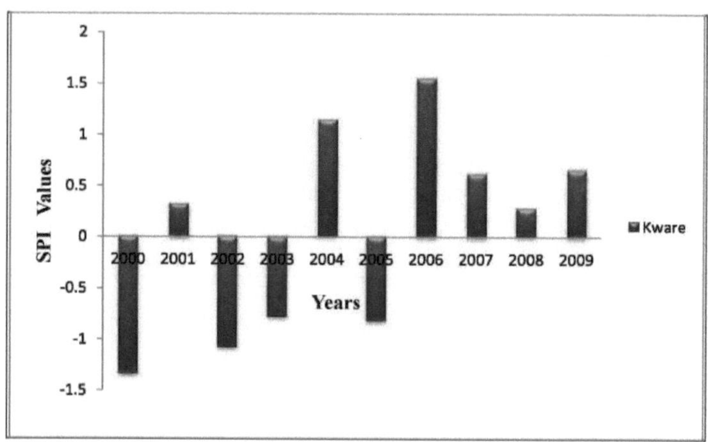

Figura 6.7 12 meses SPI para a estação de Kware

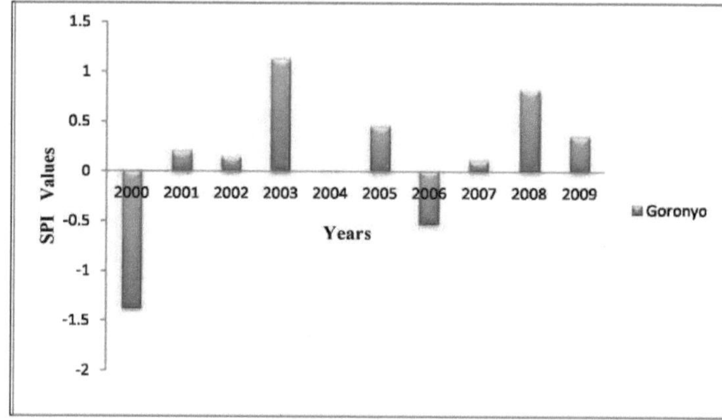

Figura 6.8 12 Meses SPI para a estação de Goronyo

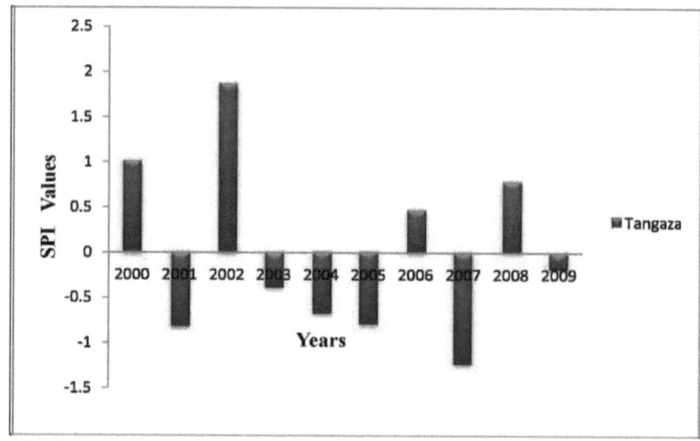

Figura 6..9 SPI de 12 meses para a estação de Tangaza

48

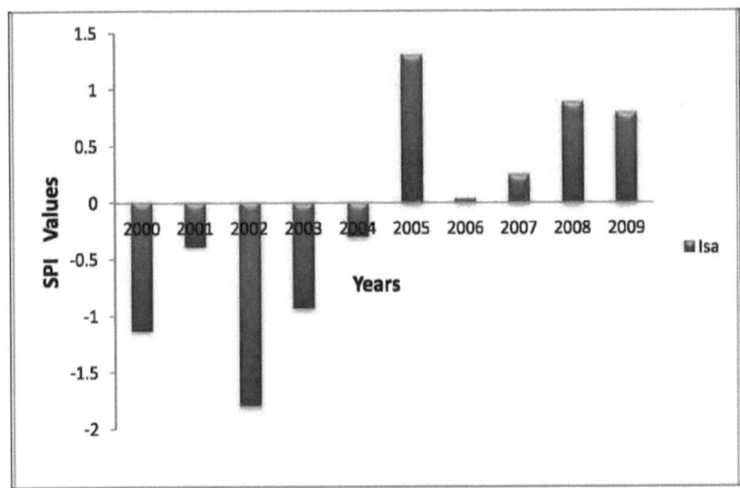

Figura 6.10 SPI de 12 meses para a estação de Isa

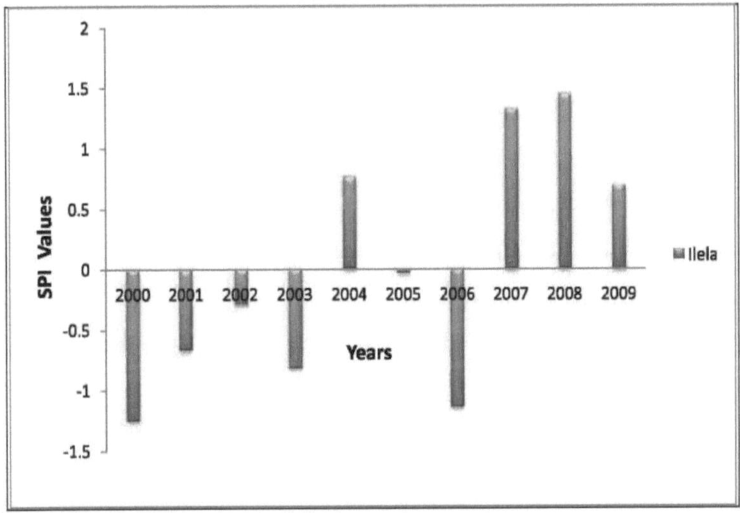

Figura 6.11 SPI de 12 meses para a estação de Ilela

6.2 Mudanças no padrão de seca no estado de Sokoto 2000-2009

A análise da distribuição do Índice de Precipitação Padronizado (SPI) é apresentada na Figura 6.12, Figura 6.13 e Figura 6.14. Estes mapas são utilizados para retratar a variação espacial e temporal da seca, que é um padrão de alterações em toda a área de estudo, o que é útil para eliminar potenciais áreas de catástrofe para a agricultura e outros sectores relacionados. Isto irá melhorar a decisão agrícola para reduzir o impacto da seca. Os mapas revelam indícios de condições de seca em todo o estado de Sokoto. O impacto da seca na agricultura, na energia e no abastecimento urbano de água foi significativo.

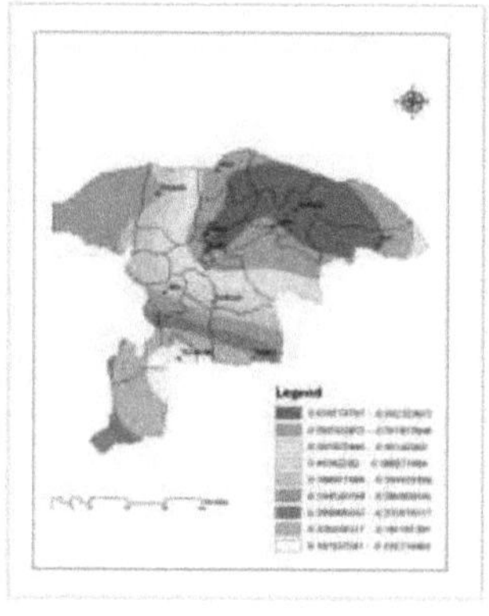

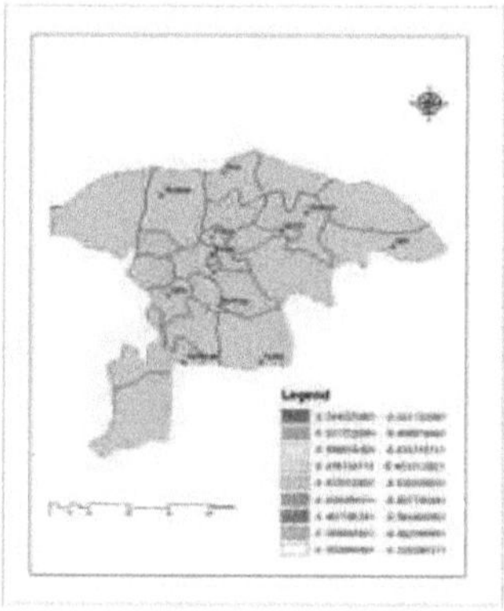

2000   2001

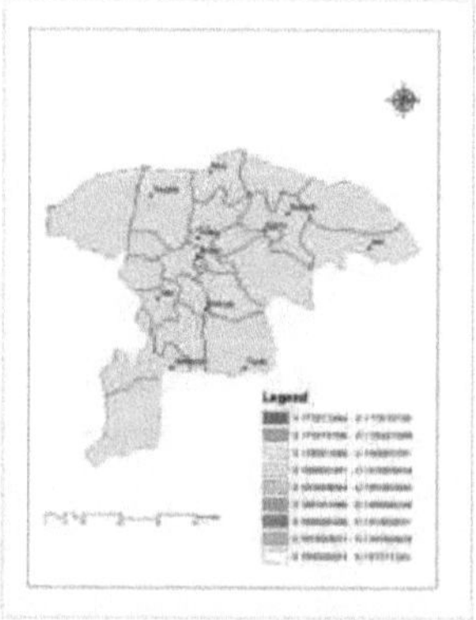

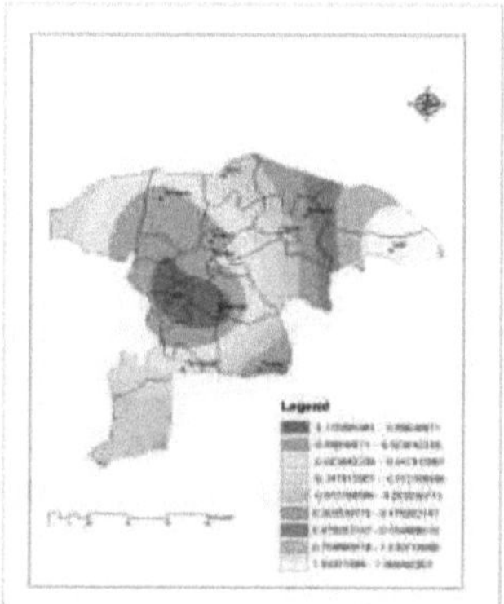

2002   2003

Figura 6.12 Distribuição espacial do Índice de Precipitação Normalizado (SPI) durante 2000 2003 no Estado de Sokoto.

2004   2005

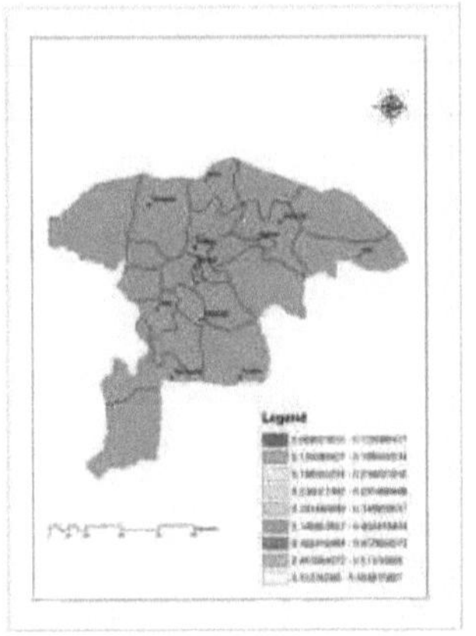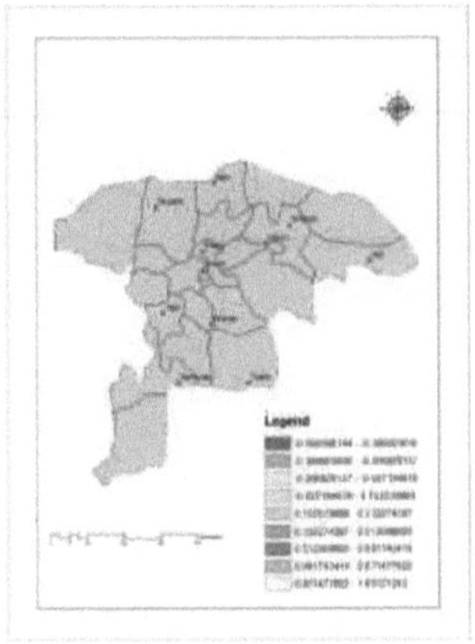

2006   2007

Figura 6.13 Distribuição espacial do Índice de Precipitação Normalizado (SPI) durante 2004 2007 no Estado de Sokoto

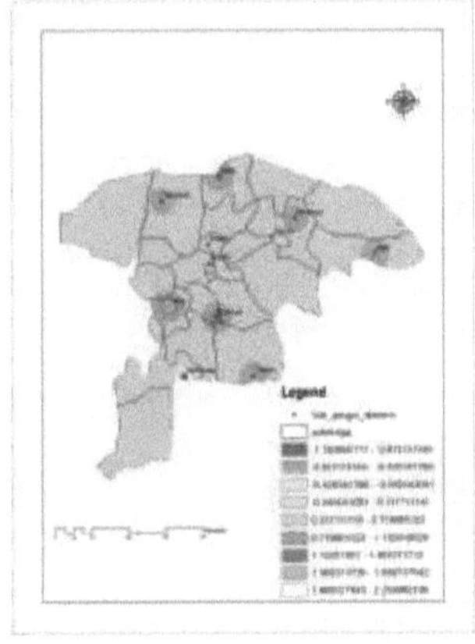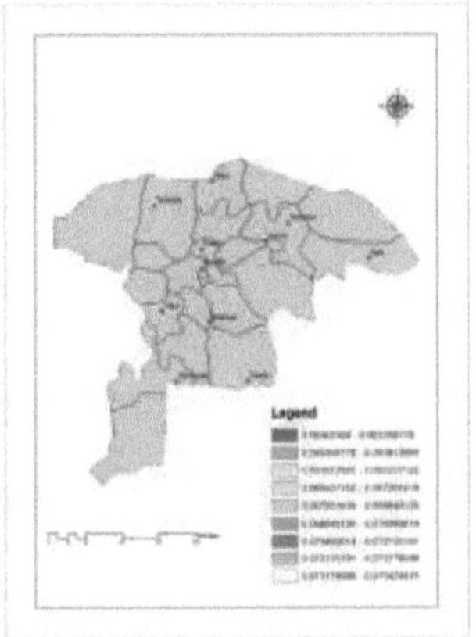

2008   2007

Figura 6.14 Distribuição espacial do Índice de Precipitação Normalizado (SPI) durante -20082009 no Estado de Sokoto.

6.3 Índices de seca e rendimento das culturas em Sokoto.

O resultado da análise de correlação múltipla entre culturas seleccionadas, tais como milho, algodão, arroz, painço e feijão-frade, com índices de seca de +RAI, -RAI e SPI é apresentado no Quadro 6.2 Com base na classificação do SPI, apenas se registaram secas ligeiras em 1995, 2001 e 2008 (ver Quadro 5.1). Sugere-se também que o milho e o sorgo plantados durante estes períodos eram espécies resistentes a secas ligeiras. Existem outros factores que contribuem para o aumento ou diminuição do rendimento das culturas por hectare para além da precipitação. Estes factores incluem a disponibilidade de fertilizantes, mudanças no uso da terra, uma vez que a maioria das terras agrícolas têm sido cada vez mais convertidas para usos residenciais e comerciais.

51

Este facto levou à redução da área cultivada. A Tabela 6.2 mostra ainda a relação linear entre os índices de seca e as culturas comuns, tais como o milho, a mapira, o arroz, o algodão e o painço na área de estudo. O milho, a mapira e o painço foram produzidos principalmente para fins de consumo. Os agricultores de feijão-frade e arroz foram produzidos em grande parte para benefícios comerciais e, em certa medida, para consumo alimentar.

Quadro 6.2 Coeficiente de correlação entre os valores dos índices de seca e o rendimento das culturas em Sokoto

Indices	SPI	+RAI	-RAI	Maize	Sorghum	Cowpea	Rice
+RAI	1.000						
- RAI	1.000	1.000					
Maize	0.140	0.138	0.139				
Sorghum	-0.408	-0.408	-0.410	0.069			
Cowpea	-0.312	-0.313	0.313	0.521	0.437		
Rice	0.176	-0.176	0.176	0.633	0.655	0.667	
Millet	-0.466	-0.467	-0.467	0.384	-0.001	-0.157	-0.346

Fonte: Cálculo do autor 2011

A implicação da análise acima é que, das cinco principais culturas no estudo, apenas o painço mostra uma relação significativa com a seca. Além disso, todas as culturas sugerem que, à medida que os índices de seca aumentam, o rendimento destas culturas diminui. Também confirma que o painço é resistente à seca, como revelam Abdullahi, et al (2006), que concluíram que a variabilidade da precipitação e a seca têm sido o principal fator de produção de painço na zona árida e semiárida da Nigéria. Otim (2008) afirmou que nem todos os impactos da seca são negativos, os produtores agrícolas localizados fora e perto da área de seca beneficiam ao vender bens a preços elevados.

Isto implica que a seca tem alguns elementos de importância económica, mas prejudica a área afetada.

CAPÍTULO 7

RESUMO, CONCLUSÕES E RECOMENDAÇÕES

7.1 Resumo

O objetivo desta investigação é estudar as características da precipitação e a extensão da seca meteorológica no Estado de Sokoto de 1970 a 2009. Para o efeito, foram aplicados indicadores de índices de seca meteorológica, como o SPI, o RAI, o início e a cessação do número de dias de chuva e a duração da estação das chuvas, etc. As principais estatísticas inferenciais utilizadas são: análise de tendências e correlação múltipla, enquanto as estatísticas descritivas incluem: média, desvio padrão e coeficiente de variação.

- A seca é um fenómeno que se arrasta e que não tem uma definição universal. Para melhor caraterizar a seca, é extremamente importante utilizar uma combinação de índices e indicadores, uma vez que nenhum deles pode, por si só, captar toda a gravidade de uma determinada seca. Esta tarefa é difícil no caso das secas agrícolas e hidrológicas.

- A análise da sazonalidade mostra uma forte concentração sazonal da precipitação nos meses de junho, julho-agosto e setembro. A quantidade mínima foi recebida nos meses de maio, abril e outubro, enquanto março, novembro, janeiro e fevereiro foram praticamente meses muito secos, não recebendo precipitação, exceto em alguns casos.

- A natureza do início mostra que junho tem a maior concentração, enquanto setembro regista a maior concentração para as datas de cessação. A média de início situa-se entre 1st e 5th de junho, enquanto a média de cessação se situa entre 16th e 20th de setembro, e a duração da estação das chuvas é de 92 dias nos períodos estudados.

- A quantidade total de precipitação anual varia significativamente de ano para ano, tal como o número de dias de chuva, com uma média de 43 dias.

- Entre 1971-1975, registou-se uma evidência de seca meteorológica, bem como um aumento do período de seca, em que se registou uma seca meteorológica grave.

- A análise temporal do SPI mostra que surgiram diferentes cenários de seca. Estes incluem seca ligeira, moderada e grave. Além disso, o valor do SPI é negativo e positivo. O valor negativo indica anos de seca meteorológica, enquanto o valor positivo implica anos sem seca.

- A correlação de dois índices meteorológicos mostra uma forte relação entre o SPI e o RAI a um nível de confiança significativo de 99,2%.

- Foi observada uma correlação parcial entre o rendimento das culturas por hectare e os valores dos índices de seca entre 1993 e 2008.

7.2 Conclusão

De acordo com os resultados apresentados acima, é possível discernir algumas deduções importantes. A seca está presente em todas as partes do estado de Sokoto, como os resultados mostraram claramente. Da mesma forma, registaram-se períodos secos e chuvosos na área de estudo. A utilização do SPI e do RAI na análise da seca é aceitável, no entanto, na análise da seca na Nigéria, os resultados obtidos a partir de ambas as técnicas concordam fortemente entre si. Por conseguinte, em vez de duplicar as duas técnicas, o SPI deve ser adotado devido à sua universalidade em comparação com o RAI.

Além disso, a seca existe desde tempos imemoriais na Nigéria, e são encontrados diferentes padrões, o sistema de gestão da seca deve ser incorporado nas políticas governamentais, particularmente no que diz respeito à agricultura.

7.3 Recomendações

Dado que a seca é um fenómeno comum, a frequência do período de seca é elevada, juntamente com o facto de o desvio médio dos dias de chuva ser elevado, toda a área é altamente propensa a secas de tipo moderado a grave. Este facto exige a atenção do governo a todos os níveis. Por conseguinte, o estudo recomenda o seguinte:

- É necessário melhorar a recolha de dados em todo o Estado de Sokoto. Assim, as estações meteorológicas estão localizadas em diferentes partes do Estado. Por exemplo, devem ser fornecidas estações meteorológicas sinópticas adicionais em funcionamento para complementar a existente na área de estudo, com uma distância entre si não superior a 100 km, de modo a cumprir a norma da OMM. Isto melhorará a rede de recolha de dados e a previsão sazonal exacta da precipitação.

- É necessário desenvolver estratégias de preparação para a seca, tanto a curto como a longo prazo, através de indicadores meteorológicos e de indicadores de seca baseados em satélites. Tal pode contribuir para o alerta precoce da seca. Isto porque serão gerados dados atempados, consistentes, fiáveis e precisos.

- É necessário melhorar a gestão dos solos e da água e realizar investigação sobre formas de reduzir a perda de água dos solos, formas de aumentar as capacidades de absorção de água dos solos e tecnologias de recolha de água na área de estudo.

- O funcionário responsável pelo registo e manutenção dos parâmetros meteorológicos deve ser encorajado a adquirir mais competências em matéria de medições meteorológicas.

- A utilização judiciosa das datas de início e de cessação conduzirá a uma sementeira segura e aumentará a produção agrícola e alimentar. Esta informação deve ser amplamente disponibilizada aos serviços e agências de extensão que têm a responsabilidade de aconselhar os agricultores sobre a altura apropriada para plantar variedades de culturas. Para se esperar um aumento da precipitação, recomenda-se, portanto, que os agricultores da área de estudo sejam aconselhados a plantar culturas de maturidade precoce e de dupla estação.

- A tecnologia de recolha de águas pluviais deve ser desenvolvida em todo o Estado. A recolha de água da chuva não está desenvolvida em todas as partes do Estado. Assim, durante os períodos de chuva intensa, o excesso de chuva poderia ser recolhido e armazenado para ser utilizado durante os períodos de seca e estiagem.

- O estudo mostrou que a seca é um fenómeno comum no Estado de Sokoto. Por conseguinte, é necessário que o Estado desenvolva uma observação sistemática da seca, e devem ser efectuados mais estudos sobre a avaliação do impacto da seca meteorológica na área de estudo.

- As agências estatais de recursos hídricos e o Ministério da Agricultura devem desenvolver uma sinergia com a NIMET. Isto é necessário porque ajudará a previsão da NIMET para os agricultores rurais, particularmente

- Em antecipação à seca, recomenda-se o desenvolvimento de espécies de culturas geneticamente modificadas que possam sobreviver às condições de seca e que sejam plantadas durante as condições de seca.

- Por último, é igualmente necessário criar, no âmbito do departamento de hidrologia do SADP, uma unidade de medição do nível das águas subterrâneas e uma unidade de medição dos rios. Isto ajudará a monitorizar os recursos hídricos no Estado.

Referências

Abdullahi, A.B., Iheanachor, A.C. Ibrahim .A. (2006). Análise económica da relação entre a seca e a produção de painço na zona árida da Nigéria: A Case study of Borno and Yobe States, Jounal of Agriculture and Social Science, (3) 170 -174

Abdulrahim, M.A.(1985). Análise estatística das características da precipitação no Estado de Kano. Projeto de licenciatura não publicado, apresentado ao Departamento de Geografia da Universidade Ahmadu Bello de Zaria.

Adefolalu, D.O. (1990) Desertification Studies (With emphasis on Nigeria). Em R.A Vaughan (ed). Microwave Remote Sensing for Oceanographic and Marine weather forecast models. pp 273-279.

Agnew, C.T. e Chappell, A.(2002). Drought in the Sahel, School of Geography Manchester University, Oxford Road Manchester, M13 9Pl, U.K. Kluwer Publisher.e- mail clive.agnew@man.ac.uk.

Agnew, C.T. (1995). Desertificação, seca e desenvolvimento no Sahel. Em Binns A (ed), People and Environment in Africa. J.Wiley and Sons, Chichester, pp 137147

Agnew, C.T. (1989). Sahel drought: meteorological or Agricultural?, International Journal of Climatology. 9: 271-293

Akeh, L.E., Nnoli,N. Gbuyiro,S, Ikehua,F. e Ogunbo,S. (1999) Meteorological EarlyWarning Systems (EWS) for Drought Preparedness and Drought Management in Nigeria, Nigerian Meteorological ServicesNigeria.

Albert, J.P. Elizabeth, A. Walter, S.L. Morada, V. Michael, H. Mart, D.S .(2002). *Monitoramento da seca com índice de vegetação padronizado baseado em NDVI.* Fonte:www.asprs.org.George recuperado em 01/2/2010

Almayehu, K.(1999*). Monitorização do risco de seca no Sudão utilizando o NVDI* (19821993): Dissertação apresentada à University College London em cumprimento parcial do requisito para a obtenção do grau de Mestre em Ciências em Sistema de Informação Geográfica (SIG).

Andrej .C. Crepinsek Z., Lucka .K. B (2008). Análise da seca meteorológica na Eslovénia com índices de seca, *Jounal of Climate* 8: 897-905.

Ayoade, J.O. (1993). *An Introduction to Climatology for the Tropics,* publicado por Jonh willey e reeditado na Nigéria

Bashar, S. (2004). The characteristic of rainfall in Sokoto town from 1975-2003 Unpublished B.sc Project, Department of Geography Usmanu Danfodiyo University Sokoto.

Beran, M.A. e Rodiear, F. (1985). "Aspeto hidrológico da seca". UNESCO- WMO e Relatório em Hidrologia no. 39.

Bhalme, H.N. e Mooley, D.A. (1980). Flutuação cíclica na área de inundação/seca e relação com o ciclo duplo de manchas solares. Jounal of apllied meteorology 20: 10411048

Bhuiyan,C. (2004).Various drought Indices for monitoring condition in Aravalli Terrain of India. Department of Civil Engineering, Indian Institute of Technology kanpur-208016, India.by McGraw Hill companies.

Bruins, H. J e Berliner, P.R. (1998). Biocimatic aridity, climatic variability, drought and desertification, definition and management option" (Aridez bioclimática, variabilidade climática, seca e desertificação, definição e opção de gestão) Kluwer academic Publisher, Dordrecht, pp 97-116.

Campbell, E. (2006) 'A review of method for statistical climate forecast' Relatório técnico

Capparrini .F, e Manzella, F.(2009). Índices hidrometeorológicos e de vegetação para o sistema de monitorização da seca na região da Toscana, Itália. Journal in advance geosciences (17)105-110.

Critchfield, H.J. (1974) . Genaral climatology, Publicado por Prentice-Hall, Inc Englewood Cliffs,

New Jersey.

Dadhwal, V.K. Jeganathan,C. Valentyn,T. Sharma, A, (2005). Monitorização da seca utilizando o índice de precipitação normalizado: A case study for the state of Karnataka, India .Retrieved fromwww.gisdelopment.net on 5/2/2010.

David, J. M. (1991). Computer in geography. Co-publicado nos Estados Unidos com John Willey &Sons Inc 605 thirdAvenue, New YorkNY, 101 58.

Devis, G. (1982 pp2). Relief in Abdu, P.S e Swindell editors, Sokoto State in maps an atlas of physical human resources. University press limited.

Devis, G. (1984 pp4). Geology in Abdu, P.S and Swindell editors, Sokoto State in maps an atlas of physical human resources. University press limited.

Devis, G. (1982 pp8). 'Drainage' em Abdu, P.S e Swindell editores, Sokoto State in maps an atlas of physical human resources. University press limited.

Devis, G. (1982 pp12). Vegetation" em Abdu, P.S e Swindell editores, Sokoto State in maps an atlas of physical human resources. University press limited.

Fidelis, C.O. (2003). Studies on drought in sub-Saharan region of Nigeria using remote sensing and precipitation, Departamento de Geografia, Universidade de Lagos, Nigéria. Recuperado de www. Mothaba.research/ nigeria-drought.htm em 29/11/2009

Folland .C.K., Palomer. T.N., Parker.D.E.,(1986). A precipitação no Sahel e as temperaturas do mar a nível mundial. Jornal Africano de Investigação Agrícola, 320 (602-607).

Glantz, M.H. (1997). Erradicação da fome na teoria e na prática. Reflexões sobre o sistema de alerta precoce. Internet Journal for African Studies2, Recuperado de www.brad.ac.cu/research/ ijas/ijasno2/ glantz.html em 16- 09 -2010

Gordon, A.H, (1993). A natureza aleatória da seca, causas matemáticas e físicas. Jornal Internacional de Climatologia 13 (497-505).

Gonzalez, A. Calle, F.A. Casanava, J.L. Romo, H.C. (2001). Monitorização da seca em Espanha utilizando a técnica de deteção remota por satélite durante o período 1987-2000. Laboratório de deteção remota. C, FOR-IWA Madrid Espanha. Fonte: www.gisdevelopment.com. Recuperado em 12 -08 -2010

Guttmann, N.B. (1998). Comparing the palmer drought Index and the standardised precipitation index, Journal of American water resources association 34: 113121

Hamzah, H.S. (2001). Perigo de seca e estratégias de sobrevivência dos camponeses. Um estudo de caso da área do governo local de Gudu. Sokoto, Nigéria. Projeto B.sc não publicado do departamento de geografia, Universidade Usmanu Danfodiyo, Sokoto.

Hane. D.C e Pumphrey. F.V (1988). Crop water use curve for irrigation scheduling, agricultural experiment station, Oregon State University, Corva.

ISDR, (2003). Grupo de discussão sobre a seca, viver com o risco. Uma abordagem integrada para reduzir a vulnerabilidade da sociedade à seca. Secretariado da Estratégia Internacional para a Redução de Catástrofes Genebra, Suíça,

Jayaseelan, A.T. (2002). Avaliação de secas e inundações utilizando deteção remota e SIG. Fonte www.drought.irimi.ii recuperado em 3/4/2009

Jeffrey .H. Y e David. S. B. (2000).The Importance of Tropical Sea Surface Temperature Patterns in Simulations of Last Glacial Maximum Climate Journal of Climate Department of Atmospheric Sciences, University of Washington, Seattle, Washington

Jesslyn, F. B. Bradley, C.R. Michael, J. H. Donald, A. Whilhite, K. H. (2002). Um protótipo de sistema de monitorização da seca em dados climáticos e de satélite. Centro Nacional de Mitigação de Secas da Universidade de Nebrasa, Journal of Climatology 11:177-204

Jurgen, V. V. Alain, A.Viau, I. B. Elefan, N. (1998). Monitorização da seca a partir do espaço utilizando índices empíricos e indicadores físicos. Francesco Somma. Um simpósio sobre observação por satélite.

Kawana, N. (2000) . Drought monitoring in Zambia sing meteosat and NOAA/ AVHRR data, Remote sensing unit Zambia meteorological department, acedido a partir de www. Gisdevelopmentretreived em 15/12/2009.

Kogan, F.N. (1997). Desenvolvimento de um sistema global de observação de secas utilizando a investigação espacial NOAA/AVHRR. Recuperado de; http/enso.unl.edu/ndmc.on 11/23/2009

Kumar,V. e Panu, U.S. (1997). Avaliação preditiva da gravidade da seca agrícola com base em factores agro-climáticos. J.A.M, associação de recursos hídricos 33(6), 655-662

Landsberg, H. E. (1975). Sahel drought, change of climatic, Journal for meteorology, geophysics and bioclimatology.

Iliya, M.A. Umar A.T. Sakwah, H.H. (2009). Resposta dos agricultores à seca em Sokoto, noroeste da Nigéria. Procedimentos da 23rd conferência nacional anual da sociedade de gestão agrícola da Nigéria, 14-17 de dezembro. Realizada na Universidade Usmanu Danfodiyo de Sokoto.

Madu, I. A. e Ayogu, C.N. (2010). O efeito da variável pluviosidade na produtividade das culturas no Norte da Nigéria. Alterações climáticas e o ambiente nigeriano: A conference proceeding. Publicado pelo Departamento de Geografia da Universidade da Nigéria Nsukka

Macmllian Nigerian Secondary School Atlas, (2006). Macmillan publisher limited, Malásia

Marcos, A.S. F. e Max, H. A.B (1997). Previsão de secas e análise de características no semi-árido cearense, Nordeste do Brasil.

McKee, T. B. Doesken,N. J. e Kleist, N. J. (1993). The relationship of drought frequency and duration to time scales. Actas, 8th conference on applied climatology, 17-22 de janeiro, Anaheim, CA, pp. 179-184.

Micheal, O.A. e Oladunni, B.I. (2007). Avaliação da seca a partir de dados de precipitação para Lokaja. Uma confluência de dois grandes rios. Departamento de Engenharia Agrícola, Universidade Federal de Tecnologia, Akure, Estado de Ondo, Nigéria.

Mortimorc, M. (1985). O papcl do homcm no proccsso dc dcscrtificação Workshop nacional sobrc desastres ecológicos, desertificação por seca, Kano.

Mortimore, M. (1989). Adaptation to drought farmers, famine and desertification in west Africa Published by the press syndicate of the University of Cambrige. The pitt building Trumpington street Cambridge CB2 1RP, 32 east 57th street New York, 10022, USA 10 Stamford road, Oakleigh Melbourne 3166, Australia.

Mosaad, K. Gerd, M, e Andress, S. (2009). Analysis of meteorological drought in the Ruhr basin by using the standardised precipitation index, World academy of science, engineering and technology.

NIMET, (2009). "Previsão da Precipitação Sazonal e suas Implicações Socioeconómicas na Nigéria" Publicação Anual da Agência Meteorológica da Nigéria

NIMET, (2011). "Previsão da precipitação sazonal e suas implicações socioeconómicas na Nigéria" Publicação anual da Agência Meteorológica da Nigéria

Ojonigu .F.A, Edwin. O. I. e Saidu .O.M (2010). Efeito do El Nino/Oscilação Sul (ENSO) nas características da precipitação em Katsina, Nigéria. The African Journal of Agricultural Reseach Vo 5 (23) pp 3273-3278.

Odekunle. T.O, (2004). A precipitação e a duração da estação de crescimento na Nigéria. Int. Journal of Climatology. Vol. 24. (4) pp 731-742.

Oguntoyinbo, J.S (1986). Previsão de secas. Climatic change, 9:29-90.

Oladipo, E.O. (1985). Uma análise comparativa do desempenho de três índices meteorológicos de seca. Departamento de Geografia, Universidade Ahmadu Bello, Zaria, Nigéria. Jornal de Climatologia Vol (5) 655-664.

Olaniran, O.J. (2002). Anomalias de precipitação na Nigéria: o entendimento contemporâneo. Departamento de Geografia da Universidade de Ilorin, uma conferência inaugural proferida na Universidade de Ilorin.

Olaniran, O.J. (1991). Evidence of climate change in Nigerian based on annual series of Rainfall of different daily amount 1919-1985, climate change 19 : 319-341

Olaniran, O.J. (1992). An analysis of rainfall trends in Nigerian on the annual and multi Year time scale, Staff postgraduate seminar, Department of Geography, University of Ilorin 14pp.

Olaniran, O.J. (1990). Changing pattern in dry and wet years over Nigeria, International Journal of Climatology 11: 177-341.

O'Meager, B.S. Wilhite, D.A. (2000) Approaches to integrate drought risk management.

Omogbi B.E. (2010). Prediction of northern Nigerian rainfall using Sea Surface Temperature Journal Human Ecology 32(2) 127-133.

Otim, D. (2008). Análise da seca para o distrito de Busia, Uganda, Instituto de Organização Agronómica.

Otun, J. A. (2005). Analysis and quantification of drought using meteorological indices in the Sudano-Sahel region of Nigeria, Tese de doutoramento não publicada, Universidade Ahmadu Bello, Zaria, Nigéria.

Otun, J. A. e Adewumi, J.K. (2009). Drought quantification in semi -arid region using precipitation effectives variables, Departamento de Recursos Hídricos e Engenharia da Universidade Ahmadu Bello de Zaria, Nigéria.

Palmer, W.C. (1965). Meteorological drought" technical research paper no. 45, 1-58 Weather Bureau, Us Dept of Commerce Washington, DC USA.

Panu, U.S., e Sharma T.C. (2002). Challenges in drought research, some perspective and future direction, Hydrological Science 47 (S). Special issue toward integrated water resources management for sustainable development, S19-S30.

Parrinaz, R. B., Ali, A. D., Khalil, A., Majid, F., Makh, D.(2008).Using AVHRR based vegetation indices for d monitoring in the Northwest of Iran: Journal of an *Environment* Source : www.elesevier.com/locate/jaridanv Recuperado em 19- 07 2010

Prathumchai, K. Naulchawee,N. Honda, K. (2001). *Drought risk evaluation using remote sensing And GIS*: A case study in Lop Buri province, star program Asian institute of Technology, 42, Paholyothin, KlongLauang, Pathumthani,12120, Thialand.

Rabab, U. (2002) Manipulação do índice de vegetação por diferença normalizada (NDVI) para delinear áreas vulneráveis à seca. Recuperado de www, Gisdevelopment.net em 2/18/2009.

Ritter, T. (2006). Drought and it effect on vegetation, comparison of landsat NDVI for drought and non-drought years related to land use Land cover classification.

Ropelewski. C.F e Halpert. M.S. (1996). Quntificando a relação de precipitação da oscilação do sul. Jornal do clima 9 (1043-1059)

Van - Rooy M.P.(1965). A *Rainfall anomaly Index,* independent of time and Notos 14, 43- 48 SARDA, (2000) "Sokoto agricultural and rural development project". Relatório anual, 2000 SARDA Sokoto.

SET, (1998). Relatório ambiental de Sokoto. Relatório anual 1998, Sokoto

Sirdas, S. e Sen, Z. (2004). *Spatio- temporal drought analysis in the Trakya region*, Turkey, grupo de hidrometeorologia, departamento de meteorologia, Universidade Técnica de Istambul, Maslak 34469, Istambul, Turquia.

Sinha-Ray, K.C. (2001). *Role of drought early warning system for sustainable agricultural* research in India. Departamento Meteorológico da Índia, Pune Índia.

Sivakumar, M.V.K,(1992). Análise empírica do período de seca para aplicação agrícola na *África* Ocidental *Journal of Climatology*, 5(5) 532-539.

Smakhtin,V.U. and Hughes, D.A. (2004), Automated estimation and analysis of drought indices, *South Asia. Documento de trabalho* 83. Colombo, Sri Lanka: Instituto Internacional de Gestão da Água.

Song .X, Saito.G, Kodoma.M, S. (2004). Early detection system of drought in East Asia usingNDVI from NOAA/AVHRR data, *International journal of Remote Sensing* 25 (16) 3105-3111.

Swindell K, Davis G, e Bode, F (1982). *Sokoto State in maps and atlas of Physical and human resources (O Estado de Sokoto em mapas e atlas de recursos físicos e humanos).* University Press limited 1982.

Thornthwaite C.W (1948). Uma abordagem para uma classificação racional do clima. *Revisão Geográfica* 38: 88-94

Tannehill, I.R. (1947) "Drought its causes and effect" Princeton University Press 264p citado em WMO (1975)

Umar, A.T. (2010). Climate change: threat to food security and livelihood in States of northern Nigeria (Alterações climáticas: ameaça à segurança alimentar e aos meios de subsistência nos Estados do Norte da Nigéria). Climate change and the Nigerian environment, *proceeding of conference*, publicado pelo Departamento de Geografia, Universidade da Nigéria, Nsukka.

Umar, A.T. (2008). 'A variabilidade da precipitação, a crise alimentar e o Desenvolvimento do Milénio

Objectivos de Desenvolvimento do Milénio (ODM) em Sokoto, Nigéria" Away forward. comunicação apresentada na conferência nacional   subordinada ao tema "As ciências sociais e os desafios do século XXI".

Objectivos de Desenvolvimento do Milénio (ODM) em África, organizada pela Faculdade de Ciências Sociais da Universidade de Maiduguri, Nigéria, de segunda-feira 27th outubro a quinta-feira 30th outubro.

Umar, A.T. (2006): Tendência e variabilidade no início e cessação das chuvas na metrópole de Sokoto. Tese de Mestrado não publicada. Departamento de Geografia, Universidade de Ibadan.

ONU/ISDR, (2007). "Drought, an assessment of Asian and pacific progress" reunião de implementação regional para a Ásia e o Pacífico para a décima sexta sessão da Comissão do Desenvolvimento Sustentável (CDS-16) 26-27 de novembro de 2007 Jacarta, Indonésia.

Wilhite, D.A, e Glantz, M.H, (1985). Understanding the drought phenomenon the role ofdefinitions . International Journal 10 : 111- 120.

Walter, W. M. (1967). Duração da estação das chuvas na Nigéria. Nig, Geog Journal Vol.1 pp128

OMM, (2006). Drought monitoring and early warning "concept, progress and future Challenges" weather and climate information for sustainable agricultural Development

Apêndices

Appendix 1   Culturas Rendimento / hectare e valor dos índices de seca

	Drought Index			Crops Yield				
Years	SPI	(+RAI)	(-RAI)	Maize	Sorghum	Cowpea	Rice	Millet
1993	0.39	1.16	0.91	0.80	0.70	0.40	0.90	1.00
1994	1.08	3.25	2.57	0.90	0.90	0.30	0.60	1.01
1996	-0.38	-1.14	0.89	1.20	0.40	0.30	0.70	0.80
1997	0.41	1.21	0.96	1.20	0.50	0.30	0.80	0.90
1998	1.56	4.67	3.69	1.20	0.50	0.60	0.70	0.90
1999	1.05	3.13	2.47	1.30	0.60	0.60	0.70	0.91
2000	0.78	2.34	1.85	1.30	0.63	0.58	0.73	0.91
2001	-0.36	-1.07	-0.85	1.01	1.30	0.87	0.84	0.91
2002	0.90	2.69	2.12	1.30	1.23	0.88	0.91	0.88
2003	0.76	2.28	1.80	1.29	0.64	0.61	0.84	0.88
2004	0.42	1.25	0.99	1.25	0.58	0.75	1.30	0.92
2005	0.28	0.85	0.66	1.24	0.58	0.75	1.53	0.92
2006	0.81	2.44	1.93	1.26	0.68	0.73	2.00	1.10
2007	0.33	0.98	0.77	1.30	1.10	1.20	2.50	1.40
2008	-0.40	-1.21	-0.96	1.45	1.30	1.25	2.60	1.50

Fonte Valor calculado pelo autor 2011 e valor recolhido do SADP 2010

Appendix 2   Precipitação anual para áreas seleccionadas no Estado de Sokoto

Location	2000	2001	2002	2003	2004	2005	2006	2007	2008	2009
Tambuwal	471.5	414.8	403.5	513.2	388.0	386.3	444.4	402.3	330.5	315.8
Yabo	418.8	396.9	494.5	443.7	473.3	356.1	512.5	391.0	675.3	345.3
Tureta	557.6	418.2	721.3	578.9	530.7	585.3	437.9	474.2	647.0	337.2
Bodinga	386.2	438.7	606.0	482.2	495.9	350.9	675.1	427.4	714.5	406.2
Sokoto	334.0	449.7	386.3	479.7	445.8	411.3	509.0	702.8	482.8	463.9
Wurno	644.5	416.2	532.2	630.4	746.1	582.0	671.0	769.0	560.2	742.1
Kware	449.8	625.5	477.9	509.2	710.5	504.5	753.8	655.4	561.8	659.7
Goronyo	354.1	594.5	590.4	675.8	572.8	616.5	530.0	577.5	648.3	608.3
Tangaza	654.1	499.1	725.2	534.7	510.5	500.7	608.2	460.8	633.8	553.4
Isa	472.3	532.6	418.4	639.8	540.5	673.2	561.6	545.2	635.2	628.9
Illela	471.0	507.7	530.4	497.8	595.2	545.8	477.9	629.5	636.7	591.1

Fonte: SADP 2010

Appendix 3   Procedimentos computacionais das datas de início e cessação em Sokoto utilizando a técnica de Walters (1967).

As datas do início e da cessação da chuva foram calculadas utilizando a técnica de Walter (1967) para os 40 anos em estudo e são apresentadas a seguir. A fórmula de cálculo das datas de início e de cessação das chuvas

$$\text{Days in month} \times \frac{(51mm\text{- accumulated rainfall in previous month})}{\text{Total rainfall for the month.}}$$

O mês em questão é aquele em que o total acumulado de precipitação é superior a 51 mm. Para calcular a data de cessação, a fórmula acima é aplicada na ordem inversa, acumulando o total para trás a partir de dezembro, para obter a data exacta da cessação das chuvas. Os procedimentos pormenorizados são apresentados abaixo com o valor mensal da precipitação e o total acumulado (mm)

Year 1970

	Jan	Feb	Mar	April	May	Jun	Jul	Aug	Sept	Oct	Nov	Dec	Total
	Jan	Feb	Mar	April	May	Jun	Jul	Aug	Sept	Oct	Nov	Dec	Total
Rainfall	0	0	0	0	20.9	33.8	297.1	174	99.8	0	0	0	625.7
Jan-Dec	0	0	0	0	20.9	54.7	351.8						
Dec-Jan									99.8	0	0	0	

The Onset Date : 2nd July.
The Cessation Date : 15th Sept.
The duration of the rainy season:
2nd July -15th Sept 1970 = 40days

Year 1971

	Jan	Feb	Mar	April	May	Jun	Jul	Aug	Sept	Oct	Nov	Dec	Total
Rainfall	0	0	0	0	35.6	54	97.7	157.5	0	0	0	0	342.8
Jan-Dec	0	0	0	0	35.6	89.6							
Dec-Jan								157.5	0	0	0	0	

The Onset Date: 9th June
The Cessation Date : 10th August
Duration of the rainy season :
9th June - 10th Au gust 1971= 63days

Year 1972

	Jan	Feb	Mar	April	May	Jun	Jul	Aug	Sept	Oct	Nov	Dec	Total
Rainfall	0	0	0	17.5	57.3	66.2	131.4	169.2	55.7	36.8	0	0	534.1
Jan-Dec	0	0	0	17.5	74.8								
Dec-Jan									94.4	36.8	0	0	

The Onset Date : 18th May
The Cessation Date : 8th May
The duration of the rainy season:
18th May - 8th Sept 1972 = 113days

Year 1973

	Jan	Feb	Mar	April	May	Jun	Jul	Aug	Sept	Oct	Nov	Dec	Total
Rainfall	0	0	0	4.1	1.3	55.3	97.4	101.3	68.8	0	0	0	330.2
Jan -Dec	0	0	0	4.1	5.4	60.7							
Dec-Jan									68.8	0	0	0	

The Onset Date : 27th June
The Cessation Date :22 Sept
The duration of the rainy season :
27th June– 22nd Sept 1973 83days

Year 1974

	Jan	Feb	Mar	April	May	Jun	Jul	Aug	Sept	Oct	Nov	Dec	Total
Rainfall	0	0	0	2	16.3	9.9	120.6	205.2	104.3	21.4	0	0	479.7
Jan-Dec	0	0	0	2	16.3	26.2	146.8						
Dec-Jan									125.7	21.4	0	0	

The Onset Date : 11th July
The Cessation :Date : 8th Sept
The duration of the rainy season:
11th July -8Sept 1974 =52days

Year 1975

	Jan	Feb	Mar	April	May	Jun	Jul	Aug	Sept	Oct	Nov	Dec	Total
Rainfall	0	0	0	0.6	89.2	85	125.2	147.6	94.6	0	0	0	542.2
Jan-Dec	0	0	0	0.6	89.8								
Dec-Jan									94.6	0	0	0	

The Onset Date : 18th May
The Cessation :Date : 16th Sept
The duration of rainy season: 18th May-16th Sept 1975 =121days

Year 1976

	Jan	Feb	Mar	April	May	Jun	Jul	Aug	Sept	Oct	Nov	Dec	Total
Rainfall	0	0	0	0.3	68.4	98.4	98.3	286	107.3	114.4	0	0	674.7
Jan-Dec	0	0	0	0.3	68.7								
Dec-Jan										114.4	0	0	

The Onset Date : 23rd May
The Cessation :Date : 2nd Oct
The duration of rainy season:
23rdMay-2nd Oct 1976 =132 days

Year 1977

	Jan	Feb	Mar	April	May	Jun	Jul	Aug	Sept	Oct	Nov	Dec	Total
Rainfall	0	0	0		35.3	115.9	272	334.6	78.2	0	0	0	836
Jan-Dec	0	0	0	0	35.3	115.9							
Dec-Jan									78.2	0	0	0	

The Onset Date : 4th June
The Cessation :Date : 19th Sept
The duration of rainy season: 4th
June - 19th Sept 1977 =107days

Year 1978

	Jan	Feb	Mar	April	May	Jun	Jul	Aug	Sept	Oct	Nov	Dec	Total
Rainfall	0	0	0	10.1	0	105.2	194.4	244.6	138.9	18.5	0	0	711.7
Jan-Dec	0	0	0	10.1	10.1	210.4							
Dec-Jan									157.4	18.5	0	0	

The Onset Date : 15th June
The Cessation :Date : 8th Sept
The duration of rainy season:15th
June-8th Sept 1978 = 85 days

Year 1979

	Jan	Feb	Mar	April	May	Jun	Jul	Aug	Sept	Oct	Nov	Dec	Total
Rainfall	0	0	0	0	11.1	114.4	128.9	265.4	66.5	0	8.9	0	549.9
Jan-Dec	0	0	0	0	11.1	125.5							
Dec-Jan									66.5	0	8.9	0	

The Onset Date : 11th June
The Cessation :Date : 19th Sept
The duration of rainy season:11th
June-19th Sept 1979 = 101days

Year 1980

	Jan	Feb	Mar	April	May	Jun	Jul	Aug	Sept	Oct	Nov	Dec	Total
Rainfall	0	0	0	7.2	59.3	138	106.4	192.9	39.3	6.8	0	0	560.3
Jan-Dec	0	0	0	7.2	65.5								
Dec-Jan								245.0	46.1	6.8	0	0	

The Onset Date : 23rd May
The Cessation :Date : 2nd August
The duration of rainy season: 23rd
May- 2nd August 1980 = 72days

Year 1981

	Jan	Feb	Mar	April	May	Jun	Jul	Aug	Sept	Oct	Nov	Dec	Total
Rainfall	0	0	0	0	84.6	57.7	208.4	133.4	76.2	0	0	0	565.9
Jan-Dec	0	0	0	0	84.6								
Dec-Jan									76.2	0	0	0	

The Onset Date : 19th May
The Cessation :Date : 20Sept
The duration of rainy season: 19th
May- 19th Sept 1980 = 125days

Year 1982

	Jan	Feb	Mar	April	May	Jun	Jul	Aug	Sept	Oct	Nov	Dec	Total
Rainfall	0	0	0	0	6	38.4	161.2	299.5	51	9.8	0	0	623.2
Jan-Dec	0	0	0	0	6	38.4	206.6						
Dec-Jan									60.8	9.8	0	0	

The Onset Date : 2nd June
The Cessation :Date : 24th Sept
The duration of rainy season:
2nd June- 24th Sept 1982 = 85days

Year 1983

	Jan	Feb	Mar	April	May	Jun	Jul	Aug	Sept	Oct	Nov	Dec	Total
Rainfall	0	0	0	0	44.7	153.6	229.1	129	66.8	0	0	0	439
Jan-Dec	0	0	0	0	44.7	198.3							
Dec-Jan									66.8	0	0	0	

The Onset Date : 1st June
The Cessation :Date : 23th Sept
The duration of rainy season: 1st
June - 23th Sept 1983 = 115days

Year 1984

	Jan	Feb	Mar	April	May	Jun	Jul	Aug	Sept	Oct	Nov	Dec	Total
Rainfall	0	0	0	0	0	63.3	123.3	126.1	126.3	0	0	0	434.8
Jan-Dec	0	0	0	0	0	63.3							
Dec-Jan									126.3	0	0	0	

The Onset Date :24th June
The Cessation :Date : 12th Sept
The duration of rainy season: 24th
June- 12th Sept 1984 = 81days

Year 1985

	Jan	Feb	Mar	April	May	Jun	Jul	Aug	Sept	Oct	Nov	Dec	Total
Rainfall	0	0	0	20.5	33.4	78.3	91.5	139.4	71.7	0	0	0	434.8
Jan-Dec	0	0	0	20.5	53.9								
Dec-Jan									71.7	0	0	0	

The Onset Date :7th June
The Cessation :Date : 21st Sept
The duration of rainy season:7th
June- 21st Sept 1985 =107days

Year 1986

	Jan	Feb	Mar	April	May	Jun	Jul	Aug	Sept	Oct	Nov	Dec	Total
Rainfall	0	0	0	0	24.2	36.4	151.3	139.2	124.4	0	0	0	475.8
Jan-Dec	0	0	0	0	0	36.4	151.3						
Dec-Jan									124.4	0	0	0	

The Onset Date :3rd July
The Cessation :Date : 12th Sept
The duration of rainy season: July-
12thSept 19 86 = 72 days

Year 1987

	Jan	Feb	Mar	April	May	Jun	Jul	Aug	Sept	Oct	Nov	Dec	Total
Rainfall	0	0	30	0	4.5	49.1	54.7	128.8	62.8	38.5	0	0	369.4
Jan-Dec	0	0	30	0	4.5	49	54.7						
Dec-Jan									62.8	0	0	0	

The Onset Date :1st July
The Cessation :Date : 6th Sept
The duration of rainy season: 1st
July - 12thSept 19 87 = 68 days

Year 1988

	Jan	Feb	Mar	April	May	Jun	Jul	Aug	Sept	Oct	Nov	Dec	Total
Rainfall	0	0	0	5.8	0	107.3	148.3	217.9	188	0	0	0	667.3
Jan-Dec	0	0	0	5.8	0	107.3							
Dec-Jan									188	0	0	0	

The Onset Date :14th June
The Cessation :Date : 8th Sept
The duration of rainy season: 14th
June - 8thSept 19 88 = 87 days

Year 1989

	Jan	Feb	Mar	April	May	Jun	Jul	Aug	Sept	Oct	Nov	Dec	Total
Rainfall	0	0	0	0	26.7	131	114.9	129.5	60	16.6	0	0	478.4
Jan-Dec	0	0	0	0	26.7	157.7							
Dec-Jan									60	16.6	0	0	

The Onset Date :6th June
The Cessation :Date : 17th Sept
The duration of rainy season: 6th
June - 17thSept 19 89 = 104 days

Year 1990

	Jan	Feb	Mar	April	May	Jun	Jul	Aug	Sept	Oct	Nov	Dec	Total
Rainfall	0	0	0	0	53.2	72.7	347.7	109.6	71	0	0	0	653.9
Jan-Dec	0	0	0	0	53.2								
Dec-Jan									71	0	0	0	

The Onset Date : 30th May
The Cessation :Date : 22nd Sept
The duration of rainy season: 30th
May- 22ndSept 19 90 = 116 days

Year 1991

	Jan	Feb	Mar	April	May	Jun	Jul	Aug	Sept	Oct	Nov	Dec	Total
Rainfall	0	2.8	10.2	18.3	130.4	117	172.6	211.3	34.1	12.1	0	0	708.8
Jan-Dec	0	2.8	12.8	31.1	161.5								
Dec-Jan								257.5	46.1	12.1	0	0	

The Onset Date : 8th May
The Cessation :Date : 2nd August
The duration of rainy season: 8th
May- 2nd August 1991= 87 days

Year 1992

	Jan	Feb	Mar	April	May	Jun	Jul	Aug	Sept	Oct	Nov	Dec	Total
Rainfall	0	0	0	0	38.9	61.9	150.9	132.5	164.8	0	0	0	549
Jan-Dec	0	0	0	0	38.9	100.8							
Dec-Jan									164.8	0	0	0	

The Onset Date : 6th June
The Cessation :Date : 9th Sept
The duration of rainy season: 6th
June - 9th Sept 1992= 96 days

Year 1993

	Jan	Feb	Mar	April	May	Jun	Jul	Aug	Sept	Oct	Nov	Dec	Total
Rainfall	0	0	0	5	54.8	39.7	204.7	238.2	99.8	0	0	0	642.2
Jan-Dec	0	0	0	5	54.8								
Dec-Jan									99.8	0	0	0	

The Onset Date : 26th May
The Cessation :Date : 15th Sept
The duration of rainy season: 26th
May - 15th Sept 1993= 113days

Year 1994

	Jan	Feb	Mar	April	May	Jun	Jul	Aug	Sept	Oct	Nov	Dec	Total
Rainfall	0	0	0	0	0	51.8	163.7	355.6	185.5	5.5	0	0	762.1
Jan-Dec	0	0	0	0	0	59.8							
Dec-Jan									191	5.5	0	0	

The Onset Date : 29th June
The Cessation :Date : 8th Sept
The duration of rainy season: 29th
June - 8th Sept 1994 = 72days

Year 1995

	Jan	Feb	Mar	April	May	Jun	Jul	Aug	Sept	Oct	Nov	Dec	Total
Rainfall													
Jan-Dec	0	0	0	2.7	17.8	23.2	200.5	170.4	91.3	2.4	0	0	508.3
Dec-Jan	0	0	0	2.7	20.5				93.7	2.4	0	0	

The Onset Date : 4th July
The Cessation :Date : 15th Sept
The duration of rainy season: 4th
July - 8th Sept 1995 = 75days

Year1996

	Jan	Feb	Mar	April	May	Jun	July	Aug	Sept	Oct	Nov	Dec	Total
Rainfall	0	0	0	0	67	164.5	138.6	194.1	61.7	15.1	0	0	641
Jan-Dec	0	0	0	0	67								
Dec-Jan									76.8	15.1	0	0	

The Onset Date :24th May
The Cessation :Date : 17th Sept
The duration of rainy season: 24th
May - 17th Sept 1996 = 75days

Year 1997

	Jan	Feb	Mar	April	May	Jun	Jul	Aug	Sept	Oct	Nov	Dec	Total
Rainfall	0	0	2.8	1.8	141.3	152.8	112.8	175.7	42	16.3	0	0	645.5
Jan-Dec	0	0	2.8	1.8	141.3								
Dec-Jan									58.3	16.3	0	0	

The Onset Date :11th May
The Cessation :Date : 2nd August
The duration of rainy season: 11th
May - 2nd August 1997 = 84days

Year 1998

	Jan	Feb	Mar	April	May	Jun	Jul	Aug	Sept	Oct	Nov	Dec	Total
Rainfall	0	0	0	10	5.1	88.7	180.6	183.1	374.9	1.7	0	0	844.1
Jan-Dec	0	0	0	10	15.1	103.8							
Dec-Jan									376.6	1.7	0	0	

The Onset Date :16th June
The Cessation :Date : 4th Sept
The duration of rainy season: 16th
June - 4th Sept 1998 = 81days

Year 1999

	Jan	Feb	Mar	April	May	Jun	Jul	Aug	Sept	Oct	Nov	Dec	Total
Rainfall	0	0	0	0	45	42.3	162.9	351.7	123.1	30.4	0	0	755.5
Jan-Dec	0	0	0	0	45	87.3							
Dec-Jan									123.1	30.4	0	0	

The Onset Date :2nd July
The Cessation :Date : 5th Sept
The duration of rainy season : 2nd
July - 5th Sept 1999 = 66days

Year 2000

	Jan	Feb	Mar	April	May	Jun	Jul	Aug	Sept	Oct	Nov	Dec	Total
Rainfall	0	0	0	0	24.9	71.5	361.6	139.8	63.8	48.6	0	0	710.2
Jan-Dec	0	0	0	0	24.9	96.4							
Dec-Jan									112.4	48.6	0	0	

The Onset Date : 11th June
The Cessation :Date : 1st Sept
The duration of rainy season : 11th
June - 1th Sept 2000 = 83days

Year 2001

	Jan	Feb	Mar	April	May	Jun	Jul	Aug	Sept	Oct	Nov	Dec	Total
Rainfall	0	0	14.7	0	45.4	35.8	207.4	141.9	69	0	0	0	514.2
Jan-Dec	0	0	14.7	14.7	60.1								
Dec-Jan									67	0	0	0	

The Onset Date : 2nd July
The Cessation :Date : 22nd Sept
The duration of rainy season : 2nd
July – 22nd Sept 2001 = 83days

Year 2002

	Jan	Feb	Mar	April	May	Jun	Jul	Aug	Sept	Oct	Nov	Dec	Total
Rainfall	0	0	0	33.3	42.1	113.7	209.3	145.3	156	30.3	0	0	730
Jan-Dec	0	0	0	33.3	75.4								
Dec-Jan									156	30.3	0	0	

The Onset Date : 2nd June
The Cessation :Date : 4th Sept
The duration of rainy season : 2nd
June – 4th Sept 2002 = 95days

Year 2003

	Jan	Feb	Mar	April	May	Jun	Jul	Aug	Sept	Oct	Nov	Dec	Total
Rainfall	0	0	0	9.2	17.5	56.1	287.8	288.7	41.5	5.9	0	0	706.7
Jan-Dec	0	0	0	9.2	26.7	82.8							
Dec-Jan								336.1	47.4	5.9	0	0	

The Onset Date : 18th June
The Cessation :Date : 1st August
The duration of rainy season : 18th
June – 1st August 2003 = 45days

Year 2004

	Jan	Feb	Mar	April	May	Jun	Jul	Aug	Sept	Oct	Nov	Dec	Total
Rainfall	0	0	0	30.1	96.4	68.5	130.7	274.4	48	0	0	0	648.1
Jan-Dec	0	0	0	30.1	126.5								
Dec-Jan								322.4	48	0	0	0	

The Onset Date : 7th May
The Cessation :Date : 1st August
The duration of rainy season :7th
May – 1st August 2004 = 87days

Year 2005

	Jan	Feb	Mar	April	May	Jun	Jul	Aug	Sept	Oct	Nov	Dec	Total
Rainfall	0	0	0	23.9	80.6	101.7	127.4	171.1	114.3	5.2	0	0	624.3
Jan-Dec	0	0	0	23.9	104.5								
Dec-Jan									119.5	5.2	0	0	

The Onset Date : 11th May
The Cessation :Date : 12th Sept
The duration of rainy season :11th
May – 12 Sept 2005 = 125days

Year 2006

	Jan	Feb	Mar	April	May	Jun	Jul	Aug	Sept	Oct	Nov	Dec	Total
Rainfall	0	0	0	0.0	19.2	40.6	135.5	304.5	186.1	29.8	0	0	715.7
Jan-Dec	0	0	0	0.0	19.2	59.8							
Dec-Jan									215.9	29.8	0	0	

The Onset Date : 11th May
The Cessation :Date : 12th Sept
The duration of rainy season :11th
May – 12th Sept 2006 = 64days

Year 2007

	Jan	Feb	Mar	April	May	Jun	Jul	Aug	Sept	Oct	Nov	Dec	Total
Rainfall	0	0	0	6.6	44.5	65.9	183.4	231.3	99.1	0	0	0	631.9
Jan-Dec	0	0	0	6.6	51.2								
Dec-Jan									99.1	0	0	0	

The Onset Date : 2nd June
The Cessation :Date : 15th Sept
The duration of rainy season :2nd
June – 15th Sept 2007 = 106days

Year 2008

	Jan	Feb	Mar	April	May	Jun	Jul	Aug	Sept	Oct	Nov	Dec	Total
Rainfall	0	0	0	0.7	40.5	93.1	146.4	130.2	93.9	1.6	0	0	506.4
Jan-Dec	0	0	0	0.7	41.2	134.3							
Dec-Jan									93.9	1.6	0	0	

The Onset Date : 3rd June
The Cessation :Date : 16th Sept
The duration of rainy season :3rd
June – 16th Sept 2008 = 106days

Year 2009

	Jan	Feb	Mar	April	May	Jun	Jul	Aug	Sept	Oct	Nov	Dec	Total
Rainfall	0	0	0	2.7	43.9	102.6	170.7	119.05	129.5	100.05	0	0	668.5
Jan-Dec	0	0	0	2.7	46.6	153.6							
Dec-Jan										100.05	0	0	

The Onset Date : 2rd June
The Cessation :Date : 15th Oct
The duration of rainy season :2nd
June – 15 200 = 123 days

Printed by Books on Demand GmbH, Norderstedt / Germany